U0536109

世界互联网发展报告
— 2024 —

中国网络空间研究院　编著

商务印书馆
The Commercial Press

图书在版编目（CIP）数据

世界互联网发展报告.2024/中国网络空间研究院编著.—北京：商务印书馆，2024.—ISBN 978-7-100-24407-7

Ⅰ.TP393.4

中国国家版本馆CIP数据核字第2024VN5706号

权利保留，侵权必究。

封面设计：薛平　昊楠

世界互联网发展报告（2024）
中国网络空间研究院　编著

商 务 印 书 馆 出 版
（北京王府井大街36号　邮政编码 100710）
商 务 印 书 馆 发 行
山 东 临 沂 新 华 印 刷 物 流
集 团 有 限 责 任 公 司 印 刷
ISBN 978-7-100-24407-7

2024年10月第1版　　　开本 710×1000　1/16
2024年10月第1次印刷　印张 15¾
定价：278.00元

前　言

当今世界面临百年未有之大变局，新一轮科技革命和产业变革深入发展，技术创新进入前所未有的密集活跃期，人工智能、量子技术、生物技术等前沿技术集中涌现，引发链式变革。与此同时，科技革命与大国博弈相互交织，高技术领域成为国际竞争最前沿和主战场，深刻重塑全球秩序和发展格局。逆全球化思潮抬头，单边主义、保护主义明显上升，局部冲突和动荡频发，全球性挑战不断加剧。在此背景之下，构建更加普惠繁荣、和平安全、平等包容的网络空间已是人心所向、大势所趋。我们精心编纂《世界互联网发展报告2024》（以下简称《报告》），对世界互联网发展情况进行分析、总结和评估，旨在客观反映2024年度互联网领域的主要趋势，为全球互联网发展提供借鉴，主要特点有：

（1）充分展示全球携手构建网络空间命运共同体的新实践和新成效。一年来，国际组织、主要国家和地区围绕网络空间多个议题采取治理举措并开展国际合作，共同推动构建网络空间命运共同体迈向新阶段。围绕发展优先，构建更加普惠繁荣的网络空间，数据跨境流动规则加快推进，数据跨境流动进入实质性推进快车道，多国央行数字货币加快探索应用；围绕安危与共，构建更加和平安全的网络空间，探索新技术新应用治理新范式，推动人工智能科技向善逐步成为国际共识；围绕文明互鉴，构建更加平等包容的网络空间，探索缩小数字鸿沟的新路径，推动促进开放包容的数字贸易发展。

（2）及时呈现世界互联网发展的主要成就和风险挑战。一年来，全球信息基础设施建设进入扩容升级新阶段，数字技术持续更新迭代，数字经济成为全球经济发展的关键支撑，数字政府建设水平逐步提升，互联网媒体生态格局日趋多元，网络安全的战略地位持续提升，网络法治建设持续深入，网络空间全球区域和双多边合作持续推进。与此同时，世界互联网发展面临着一系列新问题和新挑战，集中表现在网络空间国际治理赤字日益扩大，数字经济国际规则仍待完善，智能传播时代虚假信息、版权纠纷问题频发，地缘冲突与网络对抗交织成新常态，生成式人工智能等新技术治理问题亟待解决等。

（3）重点聚焦世界互联网发展的新形势、新情况、新特点。作为新一轮科技革命和产业变革的重要驱动力量，人工智能技术正以前所未有的速度发展，对全球经济社会发展和人类文明进步产生深远影响。《报告》系统梳理了人工智能带来的全方位变革。其中，人工智能领域国际话语权竞争进入白热化阶段，中国积极参与人工智能全球治理，发布《全球人工智能治理倡议》《人工智能全球治理上海宣言》，提出"加强人工智能能力建设方面国际合作"决议，共同签署《布莱切利宣言》，为保障人工智能健康安全发展贡献中国智慧和中国方案。人工智能在经济社会各领域广泛创新应用，智能经济深入发展，数字政府进程提速，推动互联网媒体内容生产和传播的全流程重塑，成为世界网络法治建设新重点。

（4）客观评估部分具有代表性国家和地区互联网发展的总体情况。《报告》重点阐述世界互联网发展情况，优化世界互联网发展指数指标体系，从信息基础设施、数字技术和创新能力、数字经济、数字政府、网络安全、网络空间国际治理六大维度，对五大洲具有代表性的52个国家的互联网发展情况进行综合评估，深入分析主要国家和地区互联网发展的最新概况、主要特点和建设成效。

《报告》客观地记录了2024年度全球互联网发展的进程。未来，我们将继续关注世界互联网发展态势，为促进更多国家和人民携手构建网络空间命运共同体贡献智慧和力量。

中国网络空间研究院

2024年9月

目 录

— 总 论 —

一、世界互联网发展概况 2

　（一）信息基础设施建设持续增强，进入扩容升级新阶段 2

　（二）数字技术发展日新月异，人工智能引领科技变革 3

　（三）数字经济发展势头强劲，成为全球经济复苏重要力量 4

　（四）数字政府建设重要性日益凸显，数字技术助力发展 5

　（五）互联网媒体新技术应用蓬勃发展，风险与机遇并存引热议 ... 6

　（六）网络安全风险加剧，多国加强顶层设计与战略布局 7

　（七）网络法治建设深入推进，新兴领域立法引发全球关注 8

　（八）网络空间国际治理体系持续演进，数据治理成为关键焦点 ... 9

二、主要国家互联网发展情况评估 11

　（一）指数构建 11

　（二）评估指标体系 12

　（三）评估结果分析 15

三、世界主要国家和地区互联网发展情况 30

　（一）亚洲 31

　（二）非洲 38

　（三）欧洲 39

（四）北美洲 46

（五）拉丁美洲 51

（六）大洋洲 53

四、世界互联网发展趋势展望 55

（一）全球数字经济稳步发展，国际规则体系仍待完善 56

（二）未来产业成为大国角力"主战场"，前瞻布局尚需合理谋划 56

（三）社交媒体平台蓬勃发展，智能算法成为重要变量 57

（四）地缘冲突与网络对抗交织成新常态，网络安全形势日趋复杂 57

（五）生成式人工智能应用潜力巨大，技术治理挑战亟待解决 58

— 第 1 章　世界信息基础设施建设 —

1.1 通信网络基础设施持续建设 61

  1.1.1 全球5G网络建设进一步加快 61

  1.1.2 光纤与固定宽带总体增速快 65

  1.1.3 全球IPv6建设成果显著 66

  1.1.4 天地一体化网络加速发展 67

1.2 算力基础设施规模快速增长 68

  1.2.1 全球数据中心规模不断扩大 69

  1.2.2 云计算市场头部效应明显 70

  1.2.3 边缘计算发挥作用愈发凸显 71

1.3 应用基础设施进程加快 71

  1.3.1 物联网建设取得显著进展 72

  1.3.2 工业互联网步入快速增长轨道 72

  1.3.3 车联网渗透率不断提升 73

第 2 章　世界信息技术发展

2.1 基础技术 77
    2.1.1 集成电路技术持续迭代演进 77
    2.1.2 高性能计算向超智融合发展 83
    2.1.3 操作系统发展稳中有变 85

2.2 应用技术 87
    2.2.1 人工智能技术取得显著进展 87
    2.2.2 区块链技术不断成熟 90

2.3 前沿技术 92
    2.3.1 量子信息技术已经成为科技竞争的新焦点 93
    2.3.2 6G 技术加速布局启动 98

第 3 章　世界数字经济发展

3.1 世界数字经济发展总体态势 103
    3.1.1 世界数字经济发展稳步提升 103
    3.1.2 各国数字经济政策体系日益完备 104
    3.1.3 全球互联网投融资出现反弹 106

3.2 数字产业化提挡加速 107
    3.2.1 基础电信业加速推广应用 108
    3.2.2 电子信息制造业持续增长 108
    3.2.3 软件和信息技术服务业发展迅猛 110
    3.2.4 互联网信息内容服务业不断攀升 111

3.3 产业数字化走深向实 112

- 3.3.1 产业数字化是数字经济主引擎 112
- 3.3.2 数字农业成为农业的发展方向 113
- 3.3.3 制造业数字化转型成效显著 114
- 3.3.4 服务业数字化转型创新活跃 115

3.4 金融科技创新发展 115
- 3.4.1 数字货币研发提速 116
- 3.4.2 数字支付实现普及应用 116
- 3.4.3 人工智能引领金融创新 117

3.5 电子商务持续繁荣 117
- 3.5.1 电子商务规模不断提升 118
- 3.5.2 电商软件市场深度变革 118
- 3.5.3 跨境电商加速发展步伐 119

— 第 4 章　世界数字政府建设 —

4.1 数字政府建设水平逐步提升 123
- 4.1.1 持续完善数字政府建设政策规划体系 123
- 4.1.2 数字政府建设水平成效显著 125

4.2 数字技术持续推进政务服务革新 125
- 4.2.1 全球数字政府建设开启智能升级 126
- 4.2.2 数字身份提升政务服务便利水平 127

4.3 深化公共数据开放共享和跨境流动 128
- 4.3.1 推进公共数据资源开放共享 128
- 4.3.2 深化跨境数据资源流动共享 129

4.4 在线政务服务与智慧城市建设达到新高度 130
    4.4.1 在线政务服务水平逐步提升 130
    4.4.2 数字孪生技术重塑智慧城市与多领域应用新篇章 132

4.5 消除数字壁垒、加快信息基础设施建设和提高数字素养仍是主要发展战略 133
    4.5.1 加快信息基础设施体系现代化进程 133
    4.5.2 积极消除数字鸿沟、促进数字均等 134
    4.5.3 构建数字素养教育的全链条 136

第 5 章 世界互联网媒体发展

5.1 全球互联网媒体发展整体态势 139
    5.1.1 全球互联网媒体增势加快 140
    5.1.2 流媒体发展势头强劲 144
    5.1.3 在线游戏增长迅猛 146
    5.1.4 全球网络文学规模扩大 147
    5.1.5 智能终端加速接入 148

5.2 全球互联网媒体关注的重点议题 149
    5.2.1 AIGC 应用下互联网媒体的高效生产与伦理挑战 150
    5.2.2 地缘冲突中互联网媒体表现 152
    5.2.3 "超级选举年"互联网媒体的技术创新与虚假信息治理 154
    5.2.4 巴黎奥运会展现互联网媒体最新数字化报道 155

5.3 全球互联网媒体的地区特征 156
    5.3.1 亚洲——市场趋于成熟，模式出海全球 157
    5.3.2 非洲——发展尚不均衡，未来潜力较大 159

5.3.3 北美洲——技术创新高地，垂类平台兴盛 160

5.3.4 欧洲——多元语种平台，监管创新并重 161

5.3.5 拉丁美洲——本土平台缺乏，多方合作助力 163

— 第 6 章　世界网络安全发展 —

6.1 全球网络安全形势复杂多变 169

  6.1.1 地缘政治动荡加剧网络安全威胁 169

  6.1.2 新技术新应用增加网络安全复杂性 170

  6.1.3 关键信息基础设施安全日益严峻 170

6.2 网络安全威胁态势愈演愈烈 171

  6.2.1 典型网络安全威胁发展态势 171

  6.2.2 重点行业网络安全情况 175

6.3 各国加强布局网络安全工作 177

  6.3.1 高度重视网络安全战略地位 177

  6.3.2 优化网络安全相关机构 180

  6.3.3 强化关键信息基础设施安全防护 180

  6.3.4 注重开源软件安全 181

  6.3.5 推进供应链安全建设 182

  6.3.6 网络安全演习持续开展 182

  6.3.7 人工智能安全监管受到各国重视 183

6.4 网络安全技术理念持续发展 186

  6.4.1 零信任网络安全架构开始部署 186

  6.4.2 机密计算技术快速发展 187

  6.4.3 后量子密码应用探索稳步推进 187

6.5 网络安全产业保持增长势头 188
6.5.1 网络安全市场规模稳步增长 188
6.5.2 网络安全解决方案市场规模较大 189
6.5.3 大型网络安全企业仍主要来自美国 190

6.6 网络安全专业人才存在短缺现象 191
6.6.1 网络安全人才缺口持续扩大 191
6.6.2 裁员成为从业人员面临的普遍挑战 193
6.6.3 网络安全实践经验更受重视 193

第 7 章 世界网络法治发展

7.1 网络安全领域法治化进程 197
7.1.1 网络安全重点领域立法持续强化 197
7.1.2 网络安全执法持续深入 198
7.1.3 关键基础设施安全保护逐步细化 199

7.2 数字经济制度保障 200
7.2.1 数字供应链安全立法不断强化 200
7.2.2 网络平台监管持续深入 200
7.2.3 网络信息服务仍为治理重点 201
7.2.4 数字平台反垄断加速推进 201

7.3 个人信息保护与数据治理发展 202
7.3.1 个人信息保护持续推进 202
7.3.2 敏感数据保护泛政治化特征明显 205
7.3.3 数据跨境传输制度趋具体化 206
7.3.4 数据交易和共享制度探索持续深化 208

7.4 新兴技术治理与立法动向 209
7.4.1 人工智能相关立法进程加快 209
7.4.2 数字技术创新发展推动政策更新迭代 212
7.4.3 无人机航空器监管制度创新 215

第8章 网络空间国际治理

8.1 网络空间国际治理年度特征 219
8.1.1 围绕数字经济发展的国际竞合态势加剧 220
8.1.2 推动人工智能科技向善发展成为国际共识 221
8.1.3 全球数据治理规则呈碎片化、区域化趋势 223
8.1.4 国际冲突中的网络行动规则引发多方关注 224

8.2 网络空间国际治理热点议题进展 226
8.2.1 数据跨境流动进入实质性推进快车道 226
8.2.2 新技术新应用的治理机制加快完善 228
8.2.3 数字贸易国际合作取得实质性进展 231
8.2.4 多国央行数字货币建设进入探索应用阶段 233
8.2.5 智能鸿沟成为数字鸿沟的时代新特征 235

后　记 239

总论

过去一年，各国稳步推进信息基础设施建设，网络覆盖范围持续扩大，互联网使用人数突破50亿大关，网络基础设施支撑数字经济发展的底座基石作用更加凸显。数字技术进入加速创新的爆发期，新一代信息技术、人工智能、航空航天、新能源、新材料、高端装备、生物医药、量子科技等战略性产业加速突破，世界各国纷纷抢占科技革命和产业变革的先机。全球数字经济规模持续扩张，发展潜力加快释放，各主要国家将数字经济作为发展经济的主攻方向之一，全球数字经济迎来新一轮发展热潮。数字媒体产业迎来新机遇，传统媒体受到冲击，媒体产业转型升级加速，与数字媒体相关的技术、平台、硬件设备等进一步发展。全球网络安全形势依然严峻，勒索软件犯罪日益猖獗，网络违法犯罪活动明显增加，新勒索软件犯罪组织层出不穷。在全球地缘政治冲突风险加剧的背景下，网络攻防对抗日益复杂激烈，各国密集开展多方力量参与的网络军事演习，以此增强防御能力。数字贸易规则制定凝聚更多共识，新的跨境数据流动机制正在形成，为数据自由安全流通提供有力保障。

全球数字经济蓬勃发展的态势带来了数字经济国际规则体系的新竞争，网络空间国际治理赤字日益扩大，数字经济国际规则仍待完善，对未来产业的前瞻布局尚需合理谋划，以准确把握技术发展需求和方向。智能传播时代，如何把握人工智能带来的机遇和优势成为社交媒体发展的关键问题和重要能力。地缘冲突与网络对抗交织成新常态，网络攻击的"战火"蔓延到更多国家和地区，网络空间安全形势日益严峻。生成式人工智能等新兴技术在带来巨大便利的同时，其治理问题亟待解决。面对这些网络空间中的棘手问题，中国作为负责任大国不断拓展数字经济国际合作，持续深化全球网络安全合作，积极推动网络空间全球治理，为世界互联网发展贡献中国智慧和力量。

一、世界互联网发展概况

（一）信息基础设施建设持续增强，进入扩容升级新阶段

世界各主要国家高度重视信息基础设施建设和发展。一年来，全球通信网络基础设施稳步升级，卫星互联网、卫星导航系统投入不断加大，算力基础设施规模快速增长，物联网、工业互联网、车联网等应用基础设施呈现智能化发展特点。

全球5G网络建设进一步加快。截至2023年底，全球5G基站部署总量超过517万个，同比增长42%。[1] 全球5G用户总数超过15.7亿，5G渗透率达到18.6%。5G商用进程持续加速，截至2024年3月，全球117个国家/地区的299家运营商已推出或试推出商用5G移动服务，5G-A（5G-Advanced）从技术验证阶段逐步进入试商用部署阶段。光纤与固定宽带总体增速加快，多国加速实施光纤到户（FTTH）网络扩展计划，但国际光纤网络综合发展地区差距较大，只有三分之一FTTH覆盖率达到70%。全球IPv6建设成效显著，部署规模和用户数量显著提升，2023年整体部署率达到36.5%。美国、中国、英国、加拿大等国加快发展卫星互联网，全球卫星导航系统市场持续增长，设备和服务的收入成为主要支撑，中国北斗卫星导航系统国际化应用不断提高。

全球数据中心规模不断扩大。2024年，数据中心市场收入预计达到3402亿美元，美国数据中心总规模全球第一。各行业数字化转型发展加速和生成式人工智能技术快速发展，推动数据中心向超大规模化发展，截至2023年底，全球超大规模数据中心数量达到992个。数据存储耗费大量能源，数据中心绿色转型成为发展重点。云计算市场整体格局保持不变，亚马逊、微软、谷歌三家领跑。同时，边缘计算凭借高性能、少延迟、低成本等优越性能崭露头角，市场规模持续扩大。

物联网技术加速普及，可连接设备数量持续增长，2023年全球物联网连接设备数量达到了151.4亿，表现出强劲的经济潜力和广阔的增长前景。全球工业互联网市场逐步扩张，智能化驱动制造业技术升级和效率变革。车联网渗透

---

1 数据来源：TD产业联盟（TD Industry Alliance，TDIA）。

率不断提高，多国抢占发展高地，美国、法国、德国、中国、日本、韩国等国加速推出车联网新型基础设施规模化部署计划。

（二）数字技术发展日新月异，人工智能引领科技变革

数字技术作为世界科技革命和产业变革的先导力量，日益融入经济社会发展各领域全过程，深刻改变着生产方式、生活方式和社会治理方式。一年来，全球数字技术持续更新迭代，基础研究和颠覆性技术成为各国竞争与合作的焦点，科技创新进入空前的密集活跃期，以大模型和生成式人工智能为代表的通用人工智能技术发展进入新阶段，人机交互出现新范式。

在大模型、智能汽车等新兴应用的驱动下，集成电路技术和产业创新加速推进，全球产业链供应链体系面临重塑。2023年，图形处理器（GPU）芯片需求持续加大，全球市场规模达237.6亿美元，较2022年增长58.3%，其中英伟达占比89.6%。中央处理器（CPU）芯片的全球市场规模为575.7亿美元，同比下滑11.2%，英特尔和超威半导体公司（AMD）继续垄断桌面及服务器CPU市场，保持龙头地位。高性能计算向超智融合方向发展，排名前十的超级计算机系统基本都采用CPU+GPU的架构，美国仍是拥有超级计算机数量最多的国家，总数达到了168台。全球操作系统智能化程度和跨平台兼容性提升，操作系统市场继续由谷歌的安卓（Android）、微软的视窗（Windows）、苹果的iOS和MacOS以及Linux五方主导。其中，在桌面操作系统方面，Windows市场份额持续下滑，MacOS、Linux系统则保持上升趋势；在手机操作市场方面，截至2024年第一季度，安卓占据全球份额77%，iOS约占21%。

人工智能技术领域正呈现出前所未有的创新活力和竞争态势。深度学习架构优化升级，模型效能进一步提升；大规模语言模型百花齐放，推动大模型技术快速发展；合成数据技术出现，为解决人工智能数据训练瓶颈问题提供突破口。中美两国继续领跑人工智能，美国在顶级人工智能大模型开发、投入以及商业化应用等方面保持领先，中国在人工智能创新潜力和市场规模等方面呈现优势。区块链技术融合创新，应用场景拓展深化，从数字货币领域逐渐扩展到金融、供应链管理、物联网、版权保护等多个领域。多国围绕量子科技、6G

等前沿领域展开激烈争夺，不断加大政策、资金、人才投入，积极抢占前沿技术高地。然而，美西方部分国家不断搞"脱钩断链"，筑"小院高墙"，企图通过技术垄断和技术封锁，维护自身霸权地位，严重损害全球信息技术合作与发展的良好环境。

（三）数字经济发展势头强劲，成为全球经济复苏重要力量

当前，信息化发展迈向数字化、网络化、智能化全面跃升的新阶段，数字经济正在成为建设现代化经济体系的重要支撑和关键引擎，为全球经济复苏和增长提供了全新动能和可行路径。全球主要国家和地区数字经济持续快速发展，《全球数字经济白皮书（2024年）》显示，2023年，美国、中国、德国、日本、韩国等5个国家数字经济总量超过33万亿美元，同比增长超8%。新兴经济体数字经济增速强劲，沙特阿拉伯、挪威、俄罗斯数字经济增长速度位列全球前三位，增速均在20%以上。

人工智能和数据要素成为世界主要国家和地区顶层设计和战略布局的重点。2024年，美国发布《美国国际网络空间和数字政策战略：迈向创新、安全和尊重权利的数字未来》，加大人工智能研发投资，逐步对数据跨境流动采取管制措施，以确保自身全球领先优势。欧盟《数字服务法》《数字市场法》相继生效，不断强化数据监管，推广《通用数据保护条例》等数据治理规则，正式批准发布《人工智能法案》，规范人工智能产业发展。中国进一步促进数据要素开发利用，加快推进数字中国建设，面向全球发布《人工智能全球治理上海宣言》，呼吁各国政府、科技界、产业界等共同推动人工智能的健康发展。印度、泰国等国家加强个人数据保护立法，重视数据合规使用。由于市场对人工智能技术革新和产业前景看好，互联网领域投融资出现反弹，特别是生成式人工智能企业估值不断推高。

全球数字产业化规模、深度、广度持续扩大，人工智能、物联网、云计算、区块链、大数据等软件和信息服务业表现尤为突出。产业数字化赋能各行业高质量发展，成为数字经济发展的主要增长点，2023年占数字经济比重达86.8%。金融科技领域投融资活跃，产业发展迅速，大模型正在渗透金融行业的各个领域，释放新的生产力。全球电子商务交易额持续增长，市场研究机构

eMarketer数据显示，2023年全球电子商务交易额达到5.82万亿美元，预计2024年达到6.33万亿美元，同比增长8.8%。

（四）数字政府建设重要性日益凸显，数字技术助力发展

世界主要国家和地区越来越重视数字政府建设，积极将数字政府建设纳入国家战略，加快推进电子政务发展，不断提升政府数字化和治理水平。美国、欧盟、英国、澳大利亚等不断加大对数字政府建设的政策和资金投入力度，重点聚焦数据资源、人工智能、网络安全等领域；韩国成立人工智能战略协调机制，在人工智能和数字开发领域为社会民众提供公共服务；丹麦、爱尔兰、瑞士等国家在数字政府、电子政务等方面建设成效显著，韩国、新加坡等亚洲国家表现突出，中东部分国家也迈入高水平行列。

越来越多国家和地区开始重视人工智能技术在数字政府领域的重要价值，积极探索和推动人工智能技术与数字政府建设结合，以提升政府决策、公共服务、市场监管等方面的科学化与智能化水平。随着生成式人工智能技术的不断发展，大模型辅助智能问答、辅助智能写作、支撑政府智能决策，全方位提升数字政府建设水平。中国积极探索应用自然语言大模型等技术，提升线上智能客服的意图识别和精准回答能力，更好引导企业和群众高效便利办事。数字孪生技术赋能智慧城市建设。英国发布《2035年交通数字孪生愿景和路线图》，为英国交通网络提供值得信赖的互联数字孪生生态系统。欧盟在"数字欧洲计划"中支持"数字孪生地球"项目，欧洲多国共同实施"极端天气事件数字孪生系统项目"。

政务数据作为政府信息化建设的重要载体，是数据要素市场最重要的数据供给来源之一。世界各国和地区逐步加大对公共数据资源的开放与共享，深化数据跨境合作与交流。中国建立健全国家公共数据资源体系，推进数据跨部门、跨层级、跨地区汇聚融合和深度利用。欧盟正式发布《数据法》，明确公共机构获取数据的原则和途径，强调加强数据流通和利用。韩国政府拟推进"数字新政2.0"，打造"数据大坝"方便社会公众对公共数据资源的使用。

全球各国和地区的公民数字素养水平参差不齐，国家间数字鸿沟仍有较大弥合空间。2023年，高收入国家互联网用户约占93%，低收入国家仅有27%。

城乡互联网覆盖程度相差较大，81%的城市居民使用互联网，是农村地区互联网用户比例的1.6倍。除信息基础设施建设差距外，人工智能技术的应用和发展水平也成为数字鸿沟重要因素之一。

（五）互联网媒体新技术应用蓬勃发展，风险与机遇并存引热议

一年来，全球互联网媒体发展态势稳健，在线音频、短视频、在线游戏、网络文学等推动全球互联网媒体生态格局日趋多元。同时，新技术发展带来伦理规制、虚假信息等风险，网络认知战也成为各国关注的焦点。

社交媒体用户数量显著增长，截至2024年4月，活跃社交媒体用户达到50.7亿，同比增长5.4%。[1] 各类社交媒体平台独特优势显著，发展势头良好。在线音频市场不断扩大，播客市场规模呈指数级增长，市场研究机构Research and Markets报告预测，全球播客市场将从2023年的277.3亿美元增长到2024年的366.7亿美元。[2] 短、长视频平台持续发力，TikTok成为首款用户支出100亿美元的非游戏应用，快手国际版Kwai在巴西的月活跃用户规模超过6000万[3]，Netflix在全球流媒体市场保持领先地位。多元媒体产业展现强劲的发展动力，网络在线游戏市场规模不断扩大，2023年全球在线游戏市场总额约为1376亿美元，并预计将以10.9%的年均增速增长。[4] 全球原创网文市场日益繁荣，2023年，全球网络文学市场估值约为341.4亿美元，预计将由2024年的394.8亿美元增长至2032年的1261亿美元。汉语网络文学作品在全球市场收入中占据第二。起点国际、Wattpad和Royal Road等全球网络文学平台发展迅猛，实体出版、有声、漫画、影视等形式成为网文IP未来重点拓展方向。

---

1 "DIGITAL 2024 APRIL GLOBAL STATSHOT REPORT"，https://datareportal.com/reports/digital-2024-april-global-statshot，访问时间：2024年6月15日。

2 Research and Markets："Podcasting Global Market Report 2024-2028"，https://www.researchandmarkets.com/report/podcast，访问时间：2024年9月9日。

3 "巴西老铁不爱TikTok"，https://www.21jingji.com/article/20240528/herald/061e75f26337f06cfd8770e726744fd5.html，访问时间：2024年9月9日。

4 Research and Markets："Global Online Gaming Industry Analysis Report 2024: A $348.85 Billion Market by 2032 Featuring Activision Blizzard, Apple, Capcom, Electronic Arts, Microsoft, Nintendo, Sony, and Tencent"，https://www.globenewswire.com/en/news-release/2024/05/07/2876361/28124/en/Global-Online-Gaming-Industry-Analysis-Report-2024-A-348-85-Billion-Market-by-2032-Featuring-Activision-Blizzard-Apple-Capcom-Electronic-Arts-Microsoft-Nintendo-Sony-and-Tencent.html，访问时间：2024年9月9日。

生成式人工智能不断优化媒体内容、生产流程与运营模式，在"全球大选年"的背景下，互联网媒体积极运用人工智能和智能算法等技术创新实现高质量报道，但也面临虚假信息等严重风险，媒介治理面临全新挑战。全球互联网媒体在"网络认知战"中呈现不同表现特征。《纽约时报》、CNN和BBC等西方主流媒体的信息政治化倾向持续显著，不断发出偏颇与片面的声音。半岛电视台、CGTN等非西方媒体以准确、客观的报道赢得国际社会普遍认可，成为全球相关报道的重要信息来源。TikTok等视听社交媒体平台打破西方媒体话语霸权，为全球用户提供了公正、全面的资讯。

全球互联网媒体格局展现出显著的地区性特征。亚洲移动端互联网媒体市场趋于成熟，视频服务成为互联网媒体消费的主流。非洲不同地区互联网接入水平存在明显差异，生成式人工智能催生一批"数字劳工"，加剧国家间不平等现象。北美洲生成式人工智能迅猛发展，媒体用户需求日趋多元。欧洲进一步规范社交媒体平台对AI技术的应用，鼓励媒体在受版权保护的环境中积极创新。拉丁美洲在线经济发展推动互联网普及，社区媒体成为边缘群体的发声渠道。

（六）网络安全风险加剧，多国加强顶层设计与战略布局

一年来，地缘政治斗争进一步泛化至网络空间，全球性网络攻击事件频发，对网络空间安全构成严重威胁。多国政府相继出台网络安全国家战略政策文件，持续提升网络安全在国家安全中的战略地位。

全球网络安全领域面临严峻威胁与挑战，勒索软件、数据泄露、分布式拒绝服务（DDoS）攻击、高级持续性威胁（APT）、漏洞威胁和供应链攻击是主要网络安全风险来源。2023年，勒索软件攻击数量与前一年基本持平，亚洲成为攻击主要受害地区。IBM公司《2024年数据泄露成本报告》显示，全球数据泄露事件的平均成本在2024年达到488万美元，较2023年增加10%。DDoS攻击的频率、持续时间和复杂性持续增长，全球攻击目标地域分布排序为亚太，拉丁美洲，欧洲、中东及非洲，美洲。[1] 2023年，全球APT攻击主要针对政府机构、国防军事、科研教育、信息技术四大行业。《2024年第一季度网络钓鱼活

---

[1] "2023年全球DDoS攻击现状与趋势分析"，https://e.huawei.com/cn/material/networking/security/333e0bdd9694437e80aac4b436781fe3，访问时间：2024年6月26日。

动趋势报告》称，在2023年监测到近500万次钓鱼攻击[1]，达到历史新高。此外，医疗健康、能源、金融等关键领域成为网络安全重灾区，2023年针对医疗保健领域的网络攻击同比增加134%；《全球金融稳定报告》指出，网络安全事件造成极端损失的风险正在增加。[2]

世界主要国家和地区积极强化网络安全工作布局。美国发布《国家网络安全战略实施计划》，建立"J2"情报部门，提供"全球态势感知及威胁评估"，加强应对网络安全和数据安全威胁。欧盟发布《欧洲通信基础设施及网络的网络安全和韧性评估报告》，确定Wiper恶意软件、勒索软件攻击、供应链攻击、物理攻击等威胁类型，认为相关威胁可能对基础设施的安全性和韧性构成重大风险。新加坡发布《在人工智能推荐和决策系统中使用个人信息的指南》，为相关机构使用个人数据开发和部署人工智能系统提供详细指导。七国集团峰会号召建立伙伴关系以促进供应链的韧性并减少关键依赖，并与发展中国家和新兴市场的伙伴合作，在促进高标准的同时增加其对全球供应链的参与。人工智能和太空互联网安全受到格外关注，零信任、机密计算、后量子密码等技术成为应对网络安全威胁，提高关键信息基础设施、重要信息系统和整体网络空间的安全保障能力的重要技术手段。网络安全市场整体呈现稳步增长态势，全球市场调研机构Markets and Markets预测，全球网络安全市场规模将从2023年的1904亿美元增长至2028年的2985亿美元，复合年均增长率为9.4%。[3] 大型网络安全企业主要来自美国，全球IT安全企业市值排名中，前十名中美国企业占据9家。网络安全人才短缺问题愈发凸显，《2023年网络安全人才研究报告》显示，2023年全球网络安全人员增长至545万，但仍有400万左右的人才缺口。

（七）网络法治建设深入推进，新兴领域立法引发全球关注

一年来，全球网络空间法治建设持续深入，在美国等西方国家的影响下，网络空间国际治理活动仍有泛政治化、泛安全化发展趋势。网络主权、网络安全执法、关键信息基础设施安全保护、敏感数据及个人信息保护等议题依然是

1　APWG：PHISHING ACTIVITY TRENDS REPORT 1st Quarter 2024，2024年5月。
2　国际货币基金组织：《全球金融稳定报告》，2024年4月。
3　Markets and Markets："Cybersecurity Market worth $298.5 billion by 2028"，https://www.marketsandmarkets.com/PressReleases/cyber-security.asp，访问时间：2024年5月31日。

全球网络法治建设的核心内容,数字供应链安全、人工智能安全、数据跨境传输等内容成为网络法治建设的新焦点,智能汽车、面部识别、脑机接口、无人机航空器等其他新兴技术产业的相关立法工作日益受到各国重视。

网络安全立法更加注重平衡发展与安全的关系,在加强数字供应链安全立法方面,美国发布《网络安全框架2.0》草案,强化供应链风险管理,欧盟正式实施《欧洲关键原材料法案》,确保欧盟关键原材料供应。同时,各国不断加强电力、海底电缆等关键基础设施领域的立法。

加快推动数字领域立法,加强平台监管、信息内容治理。欧盟《数字服务法》落地生效,并对苹果、谷歌和Meta遵守《数字市场法》情况展开调查,保障用户在线安全,遏制非法或违反平台服务条款的有害内容传播。随着数据资源重要性日益凸显,个人信息保护、数据流通利用等成为各国立法关注的焦点。美国总统签署行政令,限制将"敏感个人数据"出售或转移至"受关注国家",以加强敏感个人数据保护;欧盟发布《建立欧洲数字身份框架的第2024/1183号条例(EU)》,区分电子身份识别服务的安全级别,保障自然人和法人在线权利;印度、韩国、埃塞俄比亚、新西兰等国纷纷出台个人信息保护有关立法。

人工智能成为各国科技竞争的制高点,主要国家和地区加速人工智能立法进程。欧盟理事会正式批准《人工智能法案》,成立人工智能办公室;美国陆续发布《关于安全、可靠和值得信赖地开发和使用人工智能的行政命令》《人工智能路线图》《国家人工智能研发战略计划》《人工智能风险管理框架草案》等文件,加大对人工智能的研发与监管力度;中国建立人工智能技术产业应用的系列标准和市场化应用合规监管措施,推动人工智能应用化进程。

(八)网络空间国际治理体系持续演进,数据治理成为关键焦点

当前,网络空间大国博弈日趋激烈,数字技术推动科技革命和产业变革,数字化转型与数字经济领域的国际竞合态势持续加剧,大国竞争博弈中的数字保护主义趋势更趋明显。各国深化国际合作,推动形成人工智能国际共识。数据治理成为网络空间国际治理的核心议题,但相关规则制度仍呈现碎片化、区域化、多极化特征。

各国和国际组织积极推动新兴技术治理,多个国际组织积极构建新兴信息

技术治理的国际协调机制，多国提出治理方案。联合国新设高级别人工智能咨询机构，金砖国家启动人工智能研究组，进一步强化国家间人工智能合作。联合国《全球数字契约》提出加强对包括人工智能在内的新兴技术的国际治理以造福人类。第78届联合国大会通过中国主提的关于加强人工智能能力建设国际合作决议，这是全球首个聚焦人工智能能力建设的共识性文件。中国提出《全球人工智能治理倡议》，呼吁各国形成具有广泛共识的人工智能治理框架和标准规范，发布《人工智能全球治理上海宣言》，就促进人工智能发展、维护人工智能安全、构建全球治理体系、加强社会参与和提升公众素养、推动以人工智能提升社会福祉和解决全球性问题等方面提出系列主张。中国、美国、英国等28个国家和欧盟签署《布莱切利宣言》，加强该领域国际合作，共同构建"具有国际包容性"的前沿人工智能安全科学研究网络，持续探索尚未被完全了解的人工智能风险和能力。

世界主要国家和地区积极探索数据跨境传输合作路径，逐步建立起多元化的数据跨境传输机制。英、美政府发表声明，承诺建立数据桥（UK-US data bridge），英国企业可根据《英国通用数据保护条例》（UGDPR）第45条将个人数据传输至获得《欧盟—美国数据隐私框架英国扩展》（UK Extension）认证的美国组织。[1] 欧盟和日本就数据跨境流动达成协议，建立"数据安全白名单"机制，极大减轻企业数据传输合规成本，促进双方数字经济的交流发展。中国公布《促进和规范数据跨境流动规定》，适当放宽数据跨境流动条件，便利数据跨境流动，推动中国与数据跨境流动国际规则接轨。东盟发布新版《东盟示范合同条款和欧盟合同条款联合指南》，帮助跨东盟和欧盟地区运营的企业了解两地合同条款的异同，为两地之间数据跨境传输释放积极信号。

各方加强数字贸易合作，推动形成开放包容的数字贸易格局。经济合作与发展组织（OECD）、世界贸易组织（WTO）、国际货币基金组织（IMF）联合发布第二版《数字贸易计量手册》，阐明数字贸易相关概念和定义，全面总结衡量和统计数字贸易中涉及的各方面问题。[2] 亚太地区尝试通过国际数字贸易

---

1 Department for Science, Innovation and Technology："UK-US data bridge: joint statement"，https://www.gov.uk/government/publications/uk-us-data-bridge-joint-statement，访问时间：2024年5月30日。

2 OECD："Handbook on Measuring Digital Trade"，https://www.oecd.org/sdd/its/Handbook-on-Measuring-Digital-Trade.htm，访问时间：2024年5月30日。

促进实现区域可持续发展目标，通过亚太经合组织（APEC）平台，推动各国数字贸易合作；各国承诺通过促进无纸化贸易的措施，推动电子贸易相关文件的数字化和跨境认可。《全面与进步跨太平洋伙伴关系协定》（CPTPP）正式接纳英国加入，英国成为首个加入该协定的欧洲国家。全球南方国家也在积极参与国际数字贸易活动，重点关注市场准入、数据治理框架、数字化服务水平等规则的设计。

二、主要国家互联网发展情况评估

"世界互联网发展报告"系列在2017年设立了世界互联网发展指数，并构建了相应的评估指标体系。为充分反映2024年度世界互联网最新发展情况，在此选取五大洲具有代表性的52个国家进行分析，具体名单如下。

美洲：美国、加拿大、巴西、阿根廷、墨西哥、智利、古巴。

亚洲：中国、日本、韩国、马来西亚、新加坡、泰国、印度尼西亚、越南、印度、沙特阿拉伯、土耳其、阿联酋、以色列、伊朗、巴基斯坦、哈萨克斯坦、乌兹别克斯坦、吉尔吉斯斯坦、塔吉克斯坦、土库曼斯坦。

欧洲：英国、法国、德国、意大利、俄罗斯、爱沙尼亚、芬兰、挪威、西班牙、瑞士、丹麦、荷兰、葡萄牙、瑞典、乌克兰、波兰、爱尔兰、比利时。

大洋洲：澳大利亚、新西兰。

非洲：南非、埃及、肯尼亚、尼日利亚、埃塞俄比亚。

（一）指数构建

世界互联网发展指数从信息基础设施、数字技术和创新能力、数字经济、数字政府、网络安全、网络空间国际治理六个方面综合测量和反映一个国家的互联网发展水平。2024年的世界互联网发展指数结合实际情况对一级指标进行调整，下设18个二级指标和36个三级指标，包括：

删除原三级指标中的"3.2.1 ICT附加值占比"。

将原三级指标中的"6.2.1 参与相关国际组织情况"修改为"6.2.1 相关国际组织任职情况"，将原三级指标中的"6.2.2 支持其他国家网络能力建设情况"修改为"6.2.2 相关国际组织议案提交情况"。

为保证数据的真实性、准确性，2024年的世界互联网发展指数数据来源主要包括以下几个方面：一是联合国、世界银行、世界经济论坛、经济合作与发展组织、全球移动通信协会等国际组织的统计数据、研究报告和相关指数；二是部分国际组织网站的统计数据。在时间跨度上，数据原则上截至2023年底，部分数据根据可获取情况做适当调整。

（二）评估指标体系

2024年世界互联网发展指数指标体系见表0-1。

表0-1 2024年世界互联网发展指数指标体系

一级指标	二级指标	三级指标	指标说明
1. 信息基础设施	1.1 固定基础设施	1.1.1 固定宽带网络平均下载速率	反映各国固定宽带用户在某段时间内进行网络下载的平均速率
		1.1.2 固定宽带订阅率	反映各国每百人订阅固定宽带的水平
	1.2 移动基础设施	1.2.1 移动宽带网络平均下载速率	反映各国移动宽带用户在某段时间内进行网络下载的平均速率
		1.2.2 移动网络基础设施	反映各国移动网络基础设施的建设情况
		1.2.3 移动网络资费负担	反映各国从价格角度看移动服务和设备的可获得性
		1.2.4 移动宽带普及率	反映各国每百万人订阅移动宽带的水平
	1.3 应用基础设施	1.3.1 超级计算机数量	反映各国超级计算机数量
		1.3.2 IPv6	反映IPv6的部署情况
2. 数字技术和创新能力	2.1 创新发展能力	2.1.1 ICT论文、标准、专利申请数量	反映各国申请ICT论文、标准、专利等方面的水平及能力
		2.1.2 新兴技术采用能力	反映各国企业应用人工智能、机器人、大数据、云计算等新兴技术的情况
	2.2 创新潜力	2.2.1 ICT人才情况	反映高等教育ICT领域的毕业生数量/高等学历ICT人才数量

续表一

一级指标	二级指标	三级指标	指标说明
3. 数字经济	3.1 产业发展环境	3.1.1 产权保护程度	反映各国保护实物产权、知识产权的程度以及实现产权保护的法律和政治环境
		3.1.2 参与全球化的能力	从经济、社会、政治维度反映各国参与全球化的水平
	3.2 数字产业	3.2.1 ICT服务出口占比	反映各国信息通信服务出口规模占国内服务出口规模的比例
		3.2.2 ICT产品出口占比	反映各国信息通信产品出口规模占国内产品出口规模的比例
		3.2.3 拥有数字"独角兽"公司的数量	反映各国拥有市值10亿美元以上数字产业公司的数量
		3.2.4 移动应用程序创造量	反映各国移动应用程序的创造情况
	3.3 应用情况	3.3.1 互联网使用人数	反映各国网民总数量
		3.3.2 互联网包容度	反映互联网使用中的性别鸿沟、数字支付的城乡差距、数字支付的社会经济差距等
		3.3.3 在线内容获取度	评估各国民众可获取的与之相关的在线内容和服务的可用性
		3.3.4 电子商务额	反映各国民众在电子商务方面的交易总额
4. 数字政府	4.1 总体规划部署	4.1.1 制度框架设计	反映各国是否制定数字政府相关的电子政务战略、隐私政策等规划设计
	4.2 数据开放应用	4.2.1 政府数据开放	反映各国政务数据开放平台建设、基于开放数据的影响等情况
	4.3 在线服务提供	4.3.1 在线服务信息	反映各国政务服务事项的在线公布情况，如采购信息、教育信息、司法信息等在线信息通知情况
		4.3.2 在线服务办理	反映各国政务服务事项的在线办理程度，如营业执照、居住证、出生证明、结婚证等在线服务办理情况

续表二

一级指标	二级指标	三级指标	指标说明
4. 数字政府	4.4 政民互动情况	4.4.1 技术渠道建设	反映各国开通门户网站、移动端口等政民互动渠道的情况
		4.4.2 在线参与	反映各国公众通过不同互动渠道与政府互动的情况，如在线咨询、信息在线发布、在线参与政府决策等
5. 网络安全	5.1 网络安全立法	5.1.1 网络安全相关政策法规	反映各国网络安全、网络犯罪等方面的立法情况
	5.2 网络安全设施	5.2.1 每百万人安全的网络服务器数	反映各国每百万人中拥有安全的网络服务器数量
	5.3 网络安全产业	5.3.1 网络安全企业全球前100名数量	反映各国热门网络安全企业位于全球前100强的数量
	5.4 网络安全水平	5.4.1 防范网络攻击的能力和水平	反映各国防范网络威胁、管控网络犯罪能力等情况
		5.4.2 网络安全发展能力	反映各国在网络安全研发、教育与培训、政府部门提升国内网络安全发展能力的情况
6. 网络空间国际治理	6.1 组织建设与政策法规	6.1.1 互联网治理相关组织健全程度	反映各国设置的互联网治理等相关组织的情况
		6.1.2 互联网治理相关政策法规实施程度	反映各国互联网治理相关法规、政策的实施情况
	6.2 参与国际治理情况	6.2.1 相关国际组织任职情况	相关国家和地区专家在联合国相关机构（如ITU、WSIS、IGF等）、互联网名称与数字地址分配机构（ICANN）、互联网工程任务组（IETF）、国际标准化组织（ISO）、APEC数字经济工作组等相关组织中的任职情况
		6.2.2 相关国际组织议案提交情况	相关国家和地区专家在联合国相关机构（如ITU、WSIS、IGF等）、互联网名称与数字地址分配机构（ICANN）、互联网工程任务组（IETF）、国际标准化组织（ISO）、APEC数字经济工作组等相关组织中提交议案情况

(三)评估结果分析

通过对各项指标的计算,得出52个国家的互联网发展指数得分,见表0-2。总的来看,美国和中国的互联网发展水平依然位居全球领先地位;韩国、芬兰、新加坡、荷兰、瑞士等亚洲和欧洲国家保持靠前;欧洲国家互联网发展实力普遍较强;拉丁美洲地区互联网发展势头较快;中亚和非洲地区的互联网发展仍有较大提升空间。

表0-2 52国互联网发展指数得分

排序	国家	得分
1	美国	77.89
2	中国	69.00
3	韩国	67.61
4	芬兰	67.21
5	新加坡	66.75
6	荷兰	66.52
7	瑞士	66.10
8	丹麦	66.07
9	加拿大	65.87
10	瑞典	65.78
11	挪威	65.54
12	日本	65.10
12	英国	65.10
14	法国	65.07
15	德国	64.87
16	澳大利亚	64.18
17	以色列	64.17
18	新西兰	63.60
19	爱沙尼亚	63.23
20	阿联酋	62.44
21	爱尔兰	62.12

续表一

排序	国家	得分
22	葡萄牙	61.50
23	西班牙	61.22
24	比利时	60.80
25	马来西亚	59.78
26	沙特阿拉伯	59.73
27	意大利	59.20
28	印度	58.37
29	泰国	57.90
30	俄罗斯	57.61
31	波兰	57.58
32	智利	57.37
33	印度尼西亚	56.70
34	巴西	56.30
35	乌克兰	55.70
36	土耳其	54.67
37	越南	54.58
38	墨西哥	54.34
39	南非	53.74
40	阿根廷	53.35
41	埃及	53.08
42	肯尼亚	50.22
43	巴基斯坦	49.18
44	哈萨克斯坦	49.17
45	尼日利亚	48.39
46	乌兹别克斯坦	47.67
47	伊朗	46.59
48	吉尔吉斯斯坦	46.38
49	塔吉克斯坦	44.54
50	土库曼斯坦	43.96

续表二

排序	国家	得分
51	埃塞俄比亚	42.20
52	古巴	42.03

1. 信息基础设施

信息基础设施指标涉及固定基础设施建设情况、移动基础设施发展水平以及新兴基础设施最新态势。信息基础设施的建设需坚持需求导向，因地制宜、循序渐进地推动基建建设。从表0-3的评价结果可以看出，大多数国家的信息基础设施建设稳步推进，未出现大幅度提升。在固定基础设施方面，美国、新加坡、法国、阿联酋、丹麦等国家发展更为成熟。在移动基础设施方面，美国、加拿大、中国、韩国、德国、英国等国发展更为迅速。在新兴基础设施方面，美国和中国超级计算机数量和IPv6部署规模领先其他国家。总的来看，经济较发达的亚洲、北美洲、欧洲等国家对信息基础设施的投入更大，因此发展更快。非洲、拉美和中亚等部分国家在信息基础设施建设方面较为落后，并且与发达国家差距有拉大趋势。

表0-3 52国信息基础设施指数得分

序号	国家	得分
1	韩国	7.77
2	美国	7.47
3	挪威	7.46
4	新加坡	7.30
5	丹麦	7.29
6	智利	7.09
7	中国	7.01
8	荷兰	7.00
9	法国	6.70
10	加拿大	6.58

续表一

序号	国家	得分
10	阿联酋	6.58
12	瑞士	6.54
13	泰国	6.14
14	葡萄牙	6.13
15	沙特阿拉伯	6.11
15	瑞典	6.11
17	日本	6.02
18	新西兰	5.95
19	芬兰	5.94
20	西班牙	5.92
21	德国	5.87
22	英国	5.84
23	以色列	5.62
24	巴西	5.49
25	马来西亚	5.44
26	澳大利亚	5.35
26	比利时	5.35
28	波兰	5.32
29	爱沙尼亚	5.20
30	越南	5.15
31	印度	5.11
32	爱尔兰	4.80
33	意大利	4.72
34	俄罗斯	4.49
35	南非	4.47
36	阿根廷	4.41
37	墨西哥	4.37

续表二

序号	国家	得分
38	乌克兰	4.33
39	哈萨克斯坦	4.32
40	土耳其	4.24
41	埃及	4.19
42	乌兹别克斯坦	4.16
43	吉尔吉斯斯坦	4.08
44	印度尼西亚	3.97
45	伊朗	3.85
46	埃塞俄比亚	3.73
47	尼日利亚	3.68
48	肯尼亚	3.64
49	塔吉克斯坦	3.35
50	巴基斯坦	3.27
51	古巴	3.07
52	土库曼斯坦	2.97

2.数字技术和创新能力

数字技术和创新能力指标涉及创新发展能力，通过ICT论文、标准、专利申请数量和新兴技术采用能力进行反映，以及以ICT人才储备为代表的创新潜力。数字技术和创新能力方面，芬兰超过美国位居全球第一，美国、瑞士、以色列分列第二、三、四位，中国位居第五（见表0-4）。在ICT论文、标准、专利申请数量以及新兴技术采用能力方面，美国、中国、澳大利亚等国家具有人口数量优势，芬兰、瑞士、瑞典、荷兰等欧洲国家具有技术领先优势，对新兴技术的应用持更加开放积极的态度。在ICT人才方面，日本、韩国、新加坡、德国、瑞士、挪威、爱尔兰等人才储备较为集中。相较而言，非洲、拉美、中亚等国家的数字技术和创新能力稍显逊色，尤其在ICT论文、标准、专利申请数量和ICT人才情况等方面差距较大。

表0-4　52国数字技术和创新能力指数得分

排名	国家	得分
1	芬兰	15.29
2	美国	14.82
3	瑞士	14.80
4	以色列	14.02
5	中国	13.95
6	瑞典	13.81
7	荷兰	13.69
8	日本	13.53
9	新加坡	13.41
10	加拿大	13.40
11	韩国	13.35
12	德国	13.30
13	挪威	13.27
14	澳大利亚	13.22
15	英国	12.79
16	丹麦	12.77
16	法国	12.77
18	阿联酋	12.74
19	新西兰	12.71
20	爱尔兰	12.61
21	比利时	12.18
22	沙特阿拉伯	11.94
23	葡萄牙	11.78
24	爱沙尼亚	11.67
25	印度尼西亚	11.63
26	马来西亚	11.06
26	西班牙	10.71
28	俄罗斯	10.66
29	意大利	10.62

续表

排名	国家	得分
30	泰国	9.75
31	印度	9.69
32	波兰	9.48
33	埃及	9.44
34	智利	9.34
35	乌克兰	9.21
36	越南	9.17
37	阿根廷	8.92
38	巴基斯坦	8.91
39	南非	8.83
40	墨西哥	8.37
41	巴西	7.95
42	土耳其	7.88
43	伊朗	7.61
44	肯尼亚	7.44
45	乌兹别克斯坦	7.07
46	尼日利亚	7.05
47	塔吉克斯坦	6.30
48	土库曼斯坦	6.21
49	埃塞俄比亚	6.14
50	哈萨克斯坦	5.60
51	古巴	5.32
52	吉尔吉斯斯坦	5.23

3. 数字经济

数字经济指标涉及国家的数字产业发展环境、数字产业规模以及数字技术应用情况，不仅反映各国人均数字产业发展和数字化应用情况，也反映国家间数字经济规模。从数字产业发展环境来看，美国、加拿大、日本、韩国、英国、芬兰等国的知识产权保护水平和参与全球化的水平较高。从数字产业规模和数字化应用情况来看，美国和中国两个数字经济大国处于第一梯队，数字产业实力和应用情况较强。非洲、拉美、中亚等国家排名较为靠后，这些国家数字经济发展空间很大，在应用方面有机会加快突破（见表0-5）。

表0-5　52国数字经济指数得分

排名	国家	得分
1	美国	17.38
2	中国	14.55
3	英国	12.41
4	德国	12.26
5	瑞典	12.19
6	荷兰	12.18
7	芬兰	12.14
8	爱尔兰	12.13
9	法国	12.06
10	印度	12.05
11	新加坡	12.03
11	瑞士	12.03
13	以色列	11.97
14	丹麦	11.91
15	加拿大	11.87
16	日本	11.86
17	韩国	11.84
18	西班牙	11.76
19	挪威	11.74
19	爱沙尼亚	11.74
21	比利时	11.66
22	澳大利亚	11.58
23	意大利	11.53
23	马来西亚	11.53

续表

排名	国家	得分
25	葡萄牙	11.50
26	波兰	11.45
27	新西兰	11.20
28	乌克兰	11.07
29	智利	10.96
30	俄罗斯	10.95
30	泰国	10.95
30	墨西哥	10.95
33	巴西	10.94
34	土耳其	10.76
35	阿联酋	10.66
36	印度尼西亚	10.65
37	沙特阿拉伯	10.64
37	阿根廷	10.64
39	越南	10.62
40	南非	10.53
41	埃及	10.41
42	哈萨克斯坦	10.21
43	巴基斯坦	9.99
44	吉尔吉斯斯坦	9.89
45	肯尼亚	9.77
46	尼日利亚	9.64
47	乌兹别克斯坦	9.52
48	塔吉克斯坦	9.38
49	伊朗	9.20
50	古巴	9.06
51	埃塞俄比亚	8.89
52	土库曼斯坦	8.78

4. 数字政府

数字政府建设情况涉及各国（地区）数字政府总体规划部署、数据开放应用、在线服务提供、政民互动情况。各国在总体规划部署方面的得分差距不大，但在数据开放应用、在线服务提供和政民互动情况的实践水平上，美国、加拿大、韩国、爱沙尼亚、芬兰等经济发达、投入较多的国家排名相对靠前。非洲、拉美、亚洲部分国家数字政府发展水平仍有待提高，在数据开放应用、在线服务提供及政民互动情况等方面进步空间较大（见表0-6）。

表0-6 52国数字政府指数得分

排名	国家	得分
1	韩国	20.54
2	爱沙尼亚	20.37
3	新西兰	19.91
4	丹麦	19.73
5	澳大利亚	19.71
6	英国	19.68
7	美国	19.67
8	加拿大	19.64
9	新加坡	19.61
10	芬兰	19.54
11	日本	19.41
12	荷兰	19.39
13	瑞典	19.35
14	法国	19.18
15	德国	19.00
16	中国	18.92
17	挪威	18.91
18	西班牙	18.88
19	阿联酋	18.71
20	瑞士	18.67

续表一

排名	国家	得分
21	墨西哥	18.60
22	以色列	18.59
23	爱尔兰	18.51
24	意大利	18.46
25	巴西	18.44
25	乌克兰	18.44
27	土耳其	18.30
28	葡萄牙	18.29
29	俄罗斯	18.28
30	沙特阿拉伯	18.17
31	泰国	17.98
32	印度尼西亚	17.95
33	马来西亚	17.86
34	阿根廷	17.81
35	印度	17.80
36	哈萨克斯坦	17.76
37	南非	17.74
38	波兰	17.71
39	比利时	17.57
40	智利	17.39
41	肯尼亚	17.02
42	越南	16.80
43	乌兹别克斯坦	16.54
44	土库曼斯坦	16.26
44	吉尔吉斯斯坦	16.26
46	埃及	15.99
47	尼日利亚	15.58
48	塔吉克斯坦	15.50
49	巴基斯坦	15.43

续表二

排名	国家	得分
50	伊朗	15.14
51	埃塞俄比亚	14.40
52	古巴	13.56

5. 网络安全

网络安全指数综合考察一国（地区）的网络安全设施、立法、产业发展、网络安全水平等综合情况。其中，美国、以色列、德国和爱沙尼亚在全球网络安全能力方面位居前列，尤其是美国和以色列拥有全球数量最多、实力最强的网络安全企业，领先于其他国家（见表0-7）。而非洲、拉美等地区经济水平和数字技术水平较为落后的国家是遭受网络攻击的"重灾区"，在网络安全设施、网络安全企业发展等方面差距较大。

表0-7　52国网络安全指数得分

排名	国家	得分
1	美国	9.44
2	以色列	7.06
3	德国	7.04
3	爱沙尼亚	7.04
5	加拿大	7.00
5	法国	7.00
5	新加坡	7.00
8	瑞典	6.98
9	荷兰	6.96
9	英国	6.96
9	澳大利亚	6.96
9	丹麦	6.96
13	芬兰	6.95

续表一

排名	国家	得分
14	西班牙	6.93
14	马来西亚	6.93
16	韩国	6.87
16	日本	6.87
18	比利时	6.84
19	爱尔兰	6.82
20	俄罗斯	6.81
21	葡萄牙	6.80
21	挪威	6.80
23	意大利	6.77
24	瑞士	6.68
25	中国	6.66
26	土耳其	6.62
27	波兰	6.57
28	印度	6.55
29	巴西	6.54
30	阿联酋	6.51
31	新西兰	6.47
32	越南	6.33
33	埃及	6.28
34	泰国	6.24
35	乌克兰	6.01
36	印度尼西亚	5.90
37	尼日利亚	5.81
37	沙特阿拉伯	5.81
39	古巴	5.62
40	肯尼亚	5.49
41	智利	5.48

续表二

排名	国家	得分
42	南非	5.29
43	墨西哥	5.06
44	巴基斯坦	4.92
45	阿根廷	4.87
46	哈萨克斯坦	4.86
47	乌兹别克斯坦	4.47
48	吉尔吉斯斯坦	4.46
49	塔吉克斯坦	4.38
50	伊朗	4.37
51	土库曼斯坦	4.34
52	埃塞俄比亚	3.11

6.网络空间国际治理

网络空间国际治理能力指数主要涉及国内网络治理的组织建设与政策法规、参与国际网络空间治理的情况。从国内网络空间治理结果来看，美国、德国、中国、意大利、爱沙尼亚、芬兰等大多数国家得分普遍较高。在参与国际网络空间治理方面，美国国际组织任职情况以及提交网络空间治理议案数量处于领先，中国紧随其后，在网络空间国际事务中表现良好，日本、韩国、印度、阿联酋、英国、瑞士、澳大利亚等国家在国际事务中也有不同程度的发声。而非洲、拉美、亚洲部分国家在互联网治理和相关政策法规实施方面仍亟待提升（见表0-8）。

表0-8　52国网络空间国际治理能力指数得分

排名	国家	得分
1	美国	9.18
2	中国	7.99
3	英国	7.50

续表一

排名	国家	得分
4	新加坡	7.46
5	瑞士	7.45
5	德国	7.45
7	加拿大	7.44
7	澳大利亚	7.44
9	芬兰	7.43
10	法国	7.42
11	丹麦	7.41
11	新西兰	7.41
13	日本	7.39
14	荷兰	7.38
15	挪威	7.37
16	瑞典	7.35
17	阿联酋	7.33
18	韩国	7.32
19	爱尔兰	7.29
20	爱沙尼亚	7.27
21	比利时	7.25
22	印度	7.18
23	智利	7.17
24	意大利	7.14
25	沙特阿拉伯	7.12
26	波兰	7.08
27	西班牙	7.06
27	葡萄牙	7.06
29	墨西哥	7.02
30	马来西亚	7.01
31	巴西	6.99
32	以色列	6.95

续表二

排名	国家	得分
33	南非	6.92
34	土耳其	6.89
34	肯尼亚	6.89
36	泰国	6.87
37	埃及	6.79
38	阿根廷	6.72
39	巴基斯坦	6.68
40	尼日利亚	6.66
40	乌克兰	6.66
42	印度尼西亚	6.63
43	越南	6.54
44	吉尔吉斯斯坦	6.49
45	伊朗	6.44
45	哈萨克斯坦	6.44
47	俄罗斯	6.43
48	埃塞俄比亚	5.96
49	乌兹别克斯坦	5.94
50	塔吉克斯坦	5.65
51	土库曼斯坦	5.40
51	古巴	5.40

三、世界主要国家和地区互联网发展情况

根据国际电联统计，2023年世界上约有67%的人口（即54亿人）上网。自2022年以来，这一数字增长了4.7%，高于2021年至2022年的3.5%。在低收入国家，27%的人口使用互联网，高于2022年的24%，这一差距反映了高、低收入国家和地区之间的数字鸿沟。由于基数低，低收入国家的互联网用户数量增长非常迅速，自2020年以来增长了44.1%，仅去年一年就增长了14.3%。本报

告结合世界互联网发展指数的情况，对亚洲、非洲、欧洲、北美洲、拉丁美洲、大洋洲互联网发展概况以及部分国家的发展情况进行梳理。

（一）亚洲

亚洲地区互联网发展速度较快，互联网用户数量居世界第一。亚洲国家较多，各国经济和互联网发展水平差异较大，但区域经济合作意愿较为强烈。

1. 中国

中国在世界互联网发展指数中的得分排第2位，其中信息基础设施得分排第7位，数字技术和创新能力得分排第5位，数字经济得分排第2位，数字政府得分排第16位，网络安全得分排第25位，网络空间国际治理得分排第2位。

在信息基础设施方面，截至2024年6月，中国已建成全球规模最大的5G网络，5G移动电话用户达8.89亿，在全球5G用户数占比52%。2023年移动市场为中国经济贡献约9700亿美元的经济增量，预计到2030年，这一数字将增至1.1万亿美元，其中5G市场将为中国经济贡献近2600亿美元。[1] 截至2023年底，中国智能算力规模达到70EFLOPS，增速超过70%，累计建成国家级超算中心14个，在用超大型和大型数据中心达633个、智算中心达60个（AI卡500张以上），智能算力占比超30%。

在数字技术和创新能力方面，中国前沿数字技术创新能力快速提升。据世界知识产权组织报告显示，2014年至2023年，中国生成式人工智能专利申请量超3.8万件，居世界第一。据前沿科技咨询机构ICV发布的《2024全球量子计算产业发展展望》报告，从全球主要量子计算整机企业分布看，中国排名第二，拥有18家，占比25%。

在数字经济方面，据《数字中国发展报告（2023年）》显示，中国数字经济保持稳健增长，数字经济核心产业增加值占GDP比重达到10%左右；累计建成62家"灯塔工厂"，占全球总数的40%；连续11年成为全球第一大网络零售市场。

在数字政府建设方面，数字政府制度规则体系不断健全。截至2023年底，

---

[1] 全球移动通信系统协会（GSMA）：《中国移动经济发展2024》，2024年3月。

中国26个省区市建立数字政府建设工作领导小组。2023年8月，国务院办公厅印发《关于依托全国一体化政务服务平台建立政务服务效能提升常态化工作机制的意见》，推动国务院部门和各地"条块"系统高效联动融合，依托全国一体化政务服务平台打造政务服务线上线下"总枢纽"。截至2024年5月底，全国一体化平台初步实现926万项服务事项和3.6万多项高频热点服务应用的标准化服务。2023年印发《国务院部门数据共享责任清单（第六批）》，将35个单位的181类共享信息、1292个数据项纳入共享范围。全国90%以上的政务服务实现网上可办，基本实现地方部门500余万项政务服务事项和1万多项高频应用的标准化服务，推动92.5%的省级行政许可事项实现网上受理和"最多跑一次"。

在网络安全方面，网络安全防护工作进一步规范和细化。2023年5月，中国正式实施《信息安全技术 关键信息基础设施安全保护要求》国家标准，为开展关键信息基础设施安全保护工作提供具体细化的工作指引。此外，中国还发布《关于开展网络安全服务认证工作的实施意见》，制定《信息安全技术 网络安全服务能力要求》《信息安全技术 网络安全服务成本度量指南》国家标准，印发《关于调整网络安全专用产品安全管理有关事项的公告》，并更新《网络关键设备和网络安全专用产品目录》，推动网络安全服务认证工作落实落细。

在网络空间综合治理方面，中国不断加强顶层设计，营造清朗网络空间。2023年，国务院公布《未成年人网络保护条例》，重点就未成年人网络素养促进、加强网络信息内容建设、保护未成年人个人信息、防治未成年人沉迷网络等作出规定。最高检印发《关于加强新时代检察机关网络法治工作的意见》《深入推进"净网2023"专项行动工作方案》，全面提高依法治理、综合治理、源头治理网络空间的能力和水平，并联合最高法、公安部出台《关于依法惩治网络暴力违法犯罪的指导意见》，专项治理网络暴力"按键伤人"问题。2024年6月，国家网信办联合公安部、文化和旅游部、广电总局公布《网络暴力信息治理规定》，为全面规范和加强网络暴力信息治理提供有力支撑。此外，中国还制定修订《爱国主义教育法》《反间谍法》《慈善法》等相关法律，进一步完善网络信息内容建设和管理制度。

在全球数字合作方面，2023年10月，在第三届"一带一路"国际合作高峰论坛上，中国国家主席习近平提出《全球人工智能治理倡议》，阐述人工智能治理的中国方案，有力增进了数字领域国际合作的全球共识。11月，中国积极参与国际数字规则谈判，与美国、英国等国及欧盟共同签署《布莱切利宣言》，为推动形成普遍参与的人工智能安全治理国际机制和具有广泛共识的治理框架积极贡献智慧。

2. 日本

日本在世界互联网发展指数中的得分排第12位，其中信息基础设施得分排第17位，数字技术和创新能力得分排第8位，数字经济得分排第16位，数字政府得分排第11位，网络安全得分排第16位，网络空间国际治理得分排第13位。

在信息基础设施方面，日本三大电信公司NTTDOCOMO、软银通信、KDDI采取"4G+"技术发展路线，同时重点研究6G技术，希望取得6G领域的领先优势。日本曾推出"beyond 5G推进战略"，计划2030年前后提供beyond 5G通信服务。[1] 2024年5月，日本提出打造6G光通信国际标准的计划。

在数字技术和创新能力方面，日本政府重视人工智能技术发展。2024年6月，日本政府内阁会议通过2024年版《科学技术创新白皮书》，提出持续加大人工智能领域投资，预计2023年至2028年间，日本国内人工智能市场规模将以年均30%的增长率扩大。2023年8月，日本经济产业省下属的日本产业技术综合研究所（AIST）宣布，正式成立量子与人工智能融合技术业务发展全球研究中心，旨在推动新型融合计算技术。

在数字政府建设方面，日本已将大模型应用于政府事务管理中，场景覆盖政府内部办公、政务信息公开、政务服务提供、民生服务优化和国防航天等。2023年以来，日本出台政府机关（公务员）使用生成式AI的临时指南，通过明确使用原则、框定场景范围、建立监督规范等规避技术风险，推动应用趋向合规。

在数据开放应用方面，日本是首批在数据开放获取上取得显著进展的亚洲国家，也是世界上首批制定全国数据开放获取计划的国家。2024年5月，日本政府开始推动所有公共资助的研究论文开放获取。日本文部科学省开始向大学

---

1 "Beyond 5G Promotion Consortium"，https://b5g.jp/en/，访问时间：2024年7月24日。

拨款建造所需的基础设施，让研究论文在全国范围内免费阅读，要求从2025年1月起所有接受政府资助的研究人员都必须免费公开其论文。

在网络安全方面，日本加速网络攻防能力建设。2023年1月，日本设立"内阁官房网络安全体制整备准备室"，筹备设置统管网络政策的专门机构。4月，日本接连发布《建立关键基础设施网络安全标准的准则》和《处理关键基础设施的网络安全部门风险管理手册》的修订草案，制定关键基础设施网络安全标准。7月，日本通过《网络安全2023》年度计划，明确以内阁官房为中心推进引入"主动网络防御"的必要措施，向中小企业提供网络安全对策支援，构建日本自主的"网络攻击情报收集与分析"体制等。

在网络空间综合治理方面，日本以发展技术为前提、政策规范为辅助开展人工智能治理。2023年8月，日本政府宣布制定《人工智能指导方针》，纳入政府、行业、企业以及社会等多元主体，通过建立奖优惩劣的激励机制，增强政企合作，营造宽松发展环境。2024年6月，日本出台《智能手机特定软件竞争促进法》，管制大型IT企业智能手机APP市场垄断问题。

3. 韩国

韩国在世界互联网发展指数中的得分排第3位，其中信息基础设施得分排第1位，数字技术和创新能力得分排第11位，数字经济得分排第17位，数字政府得分排第1位，网络安全得分排第16位，网络空间国际治理得分排第18位。在瑞士洛桑国际管理学院（IMD）发布的2023年全球数字竞争力评价中，韩国在64个评价国家（地区）中排名第6位，较2022年上升2位，创下历史新高。

在信息基础设施方面，韩国5G发展呈现快速覆盖、快速商用的特征。截至2023年6月底，韩国5G用户总数首次突破3000万，同比增长25%。[1] 韩国发布"K-NETWORK 2030"战略，旨在加强6G创新，计划于2028年在全球首个提前实现6G技术商用。2024年3月，韩国宣布"2024年5G产业融合基础创建项目"，通过5G专用网络e-Um 5G的融合服务示范，促进私营部门数字化转型。

在数字技术和创新能力方面，2024年4月，韩国成立国防人工智能研究中心，加强军民合作，推动民用人工智能技术应用于军事领域。2024年1月，韩

---

[1] Omdia：5G in South Korea-2023，2023年9月。

国首尔国立大学同美国芝加哥大学、日本东京大学建立三边量子合作伙伴关系，增强美日韩尖端量子合作，加强量子人才培养。

在数字政府建设方面，在OECD发布的"2023年度数字政府指数"排行榜中，韩国以0.935分（1分满分）蝉联榜首，并在衡量政府通过数据创造价值水平的"数据型政府"指标中获得满分。2024年，韩国数字平台政府委员会（DPG）计划在"一个政府""我的智能政府""公私增长平台"和"信任和安心地实施DPG"等领域投资9386亿韩元，促进云服务、人工智能大数据基础设施等在政务服务中的运用。

4. 东盟

在信息基础设施方面，东盟国家加强跨境光缆和数据中心等建设合作。2023年6月，中老铁路跨境光缆项目正式竣工，显著提升两国间的数据传输能力。新加坡、马来西亚新建多家数据中心，面向东盟国家提供数据服务。同时，东盟国家积极推动5G网络部署，不断提升区域网络覆盖率和传输速度。截至2023年底，印度尼西亚累计开通5G基站超过2万个，越南超过1.5万个，两国均已实现主要城市及乡镇的5G网络覆盖。

在数字技术与创新能力方面，2023年9月，在第四届中国（广西）—东盟人工智能大会上，中国—东盟人工智能计算中心发布8个最具代表性的解决方案，涵盖AI大模型一站式研发平台、智能制造解决方案、智慧养老大模型等领域，为产业数字化转型和智能化升级注入新动能。[1]在量子技术方面，2023年10月，东盟国家宣布共同成立东盟量子计算联盟，每年举办一次量子计算国际会议，促进成员国量子计算领域的合作与交流，共享研究成果与技术资源。

在数字经济方面，2023年东盟数字经济收入达到1000亿美元，较2016年增长8倍，预计到2030年将超过1万亿美元。[2] 2023年9月，东盟正式启动《东盟数字经济框架协议》（DEFA）的谈判，加速东盟数字化转型。[3]就具体国家而言，

---

[1] "大计算强融合 新产业添'胜算'"，https://www.nanning.gov.cn/ywzx/nnyw/2024nzwdt/t5885761.html，访问时间：2024年7月5日。

[2] 谷歌、淡马锡和贝恩公司：《2023年东南亚数字经济报告》，2023年11月。

[3] "东盟数字经济发展潜力巨大"，http://tradeinservices.mofcom.gov.cn/article/szmy/gjyjgd/202309/153813.html，访问时间：2024年7月5日。

泰国、越南、印度尼西亚等国家数字经济表现尤为突出。2023年，越南数字经济对GDP的贡献率达16.5%，数字经济增速连续两年居东南亚首位，分别达到28%和19%。印度尼西亚数字经济规模达到820亿美元，同比增长8%。越南的数字支付总交易额同比增长达25%，成为增长最快的国家之一。泰国在线旅游收入预计同比增长达85%。

在数字政府建设方面，东盟国家建立数据共享平台，制定统一的数据标准，促进数据交换和跨部门协同。同时，东盟国家电子政务服务普及率显著提升，多数成员国已建立在线服务平台，提高政府服务效率和透明度。据东盟官方统计，截至2023年底，东盟地区平均电子政务服务满意度达到80%以上，民众对政府服务的认可度和满意度显著提升。

在网络安全方面，2023年6月，东盟发布《东盟网络安全战略框架（2023—2027）》，提升区域网络安全能力。7月，东盟成员国在新加坡开设网络安全和信息卓越中心（ACICE），旨在增强成员国网络威胁防御能力。[1] 2023年下半年，东盟地区针对关键基础设施的网络攻击成功率较上半年下降约20%。此外，东盟还与美国、欧盟、联合国等在网络安全能力建设、数据隐私保护、网络安全培训等方面开展合作。

在网络空间综合治理方面，2023年10月，东盟数字经济委员会推出《东盟跨境数据流动示范合同条款》，规范东盟国家间的跨境数据流动。2024年3月，东盟与中国启动"中国—东盟网络安全交流培训中心"项目，共同培养网络安全人才。此外，东盟国家在数据保护方面取得显著成效，2023年东盟地区数据泄露的平均成本为287万美元，相比2022年有所降低。

5. 印度

印度在世界互联网发展指数中的得分排第28位，其中信息基础设施得分排第31位，数字技术和创新能力得分排第31位，数字经济得分排第10位，数字政府得分排第35位，网络安全得分排第28位，网络空间国际治理得分排第22位。

在信息基础设施方面，印度有98%以上的移动用户能享受4G网络服务。

---

[1] 刘磊：《东盟多管齐下加强网络安全合作》，《世界知识》，2024年第3期，第32—33页。

截至2023年7月，印度已建设超过27万个5G站点。根据诺基亚的印度移动宽带指数报告，预计到2024年印度将拥有约1.5亿5G用户。2023年10月，印度移动网速达75.86Mbps，相比一年前提升了4.6倍，全球排名大幅提升了85位，提升至第28位。[1]

在数字技术和创新能力方面，印度政府发布《人工智能2023计划》，明确制定国家机器人战略，希望全方位快速发展人工智能产业。2024年2月，印度政府批准了塔塔集团和CG Power等公司总价值1.26万亿卢比（约合152亿美元）的三座半导体工厂建设计划，预计到2026年印度半导体市场规模将达630亿美元。3月，印度批准IndiaAI项目，投入预算达1037.192亿卢比（约合12.5亿美元），以强化对大语言模型的开发。量子技术方面，2024年1月，印度联邦内阁批准国家量子任务（NQM），重点包括：量子计算、量子通信、量子传感与计量，以及量子材料与器件等领域的探索和应用。

在数字经济方面，据电子商务SaaS平台Unicommerce的调查报告显示，2023财年印度电商市场规模约为631.7亿美元，电商订单量同比增长26.2%。据Statista报告预测，2023年至2027年，印度零售电商发展规模将超过巴西、阿根廷等，其复合年均增长率将达到14.1%。

在数字政府建设方面，截至2023年8月，印度超过13亿人拥有数字身份认证系统（Aadhaar）号码，将公民照片、指纹等生物特征与12位数字身份号码关联，方便公民进行身份核验，为印度社会、金融、法治数字化改造奠定了坚实基础。[2]

在网络空间综合治理方面，2023年8月，印度通过《数字个人数据保护法案》，旨在充分保护个人数据隐私和安全。12月，印度总统批准《电信法案》，更好促进人工智能、物联网、量子计算、卫星互联网等新技术新应用发展。此外，该法案将OTT及移动互联网应用服务排除在电信监管之外，鼓励应用创新，受到社会广泛好评。

---

[1] "MBiT Index 2024"，https://www.nokia.com/about-us/company/worldwide-presence/india/mbit-index-2024/，访问时间：2024年8月23日。

[2] "毛克疾：印度数字基建，莫迪政府的'新王牌'？"，http://cssm.org.cn/view.php?id=33816，访问时间：2023年5月30日。

（二）非洲

非洲人口超过13亿，数字经济规模为1150亿美元，增速较快，发展潜力大，但是互联网整体发展水平有所欠缺，据国际电信联盟（ITU）数据显示，目前非洲只有37%的人口使用互联网。随着人工智能等新技术快速发展，非洲因基础设施、投入资金、数据等方面的不足导致人工智能发展速度缓慢，有可能进一步加大与世界其他国家间的数字鸿沟。

1.肯尼亚

肯尼亚在世界互联网发展指数中的得分排第42位，其中信息基础设施得分排第48位，数字技术和创新能力得分排第44位，数字经济得分排第45位，数字政府得分排第41位，网络安全得分排第40位，网络空间国际治理得分排第34位。

在网络基础设施建设方面，2023年10月，肯尼亚启动5G网络推广计划，通过政业合作在主要城市和地区建设5G基站，提供更快、更稳定的网络服务。据肯尼亚通信管理局（CA）发布的数据显示，截至2024年3月，肯尼亚互联网接入率已达到70%，较2023年同期增长了10%；肯尼亚的宽带用户数量已达到3500万，较2023年同期增长了20%。

在数字技术和创新能力方面，2023年9月，肯尼亚政府宣布加大科技创新投入力度，包括增加研发资金、建设科技创新园区等。2024年2月，肯尼亚发布人工智能新国家标准（DKS 3007:2024）[1]，规范人工智能技术应用，提高系统的安全性和可靠性。肯尼亚推动科技创新应用，在农业、医疗等领域推出多个基于数字技术的创新项目，极大提高生产效率和服务质量。

在数字经济发展方面，2023年4月，为规范数字资产市场发展并为其发展提供稳定的政策环境，肯尼亚在《2023年财政法案》中提出，对数字资产转让征收1.5%的数字资产税。

在数字政府方面，2023年7月，肯尼亚政府推出名为"触达政府"（Gava Mkononi）的数字政务服务平台，旨在提供一站式在线政务服务，使公民能够方便快捷地办理申请证件、查询信息、缴纳税费等政务事项。[2] 9月，肯尼亚

---

1 "肯尼亚发布人工智能标准"，http://chinawto.mofcom.gov.cn/article/jsbl/zszc/202405/20240503512542.shtml，访问时间：2024年6月18日。

2 "肯尼亚推出数字政务服务平台"，https://www.imsilkroad.com/news/p/509076.html，访问时间：2024年8月23日。

推广了电子支付和无现金化服务，通过这一措施，公民可以通过手机等电子设备完成政府服务的支付，不仅提高了支付效率，也减少了腐败和欺诈的风险。据肯尼亚财政部数据显示，自数字政务服务平台上线以来，政府服务的处理时间缩短了约50%，用户满意度也显著提升。

在网络安全方面，2023年8月，肯尼亚中央银行发布《识别和缓解网络风险指南》，以缓解网络安全风险。11月，肯尼亚数据保护专员办公室（ODPC）加强《数据保护法》（DPA）执行力度，对违规者实施严厉的处罚，保护公民个人数据不被滥用。ODPC通过发布指导文件、开展培训活动和加强监管，提高了公众和企业对数据保护的认识和遵守程度。

2. 南非

南非在世界互联网发展指数中的得分排第39位，其中信息基础设施得分排第35位，数字技术和创新能力得分排第39位，数字经济得分排第40位，数字政府得分排第37位，网络安全得分排第42位，网络空间国际治理得分排第33位。

2023年4月，南非公共工程和基础设施部宣布计划向基础设施项目拨款9030亿兰特（约合552亿美元），包括宽带网络加快部署，提高服务覆盖范围和质量。9月，南非公布"智慧城市"，利用5G等先进技术推动城市基础设施的智能化升级。电子商务成为南非零售市场重要组成部分，根据南非2023年在线零售报告显示，2023年南非在线销售额增长30%。

南非网络安全建设薄弱，在系统安全和网络防护等领域面临严重安全威胁，是勒索软件攻击的主要目标地区之一。南非不断加强合作，提升网络安全防御能力。2024年4月，南非在约翰内斯堡举办公共部门网络安全峰会。峰会以"公私合作：通过战略伙伴关系加强网络安全"为主题，旨在促进公私部门之间的合作，共同应对网络安全威胁。

（三）欧洲

1. 欧盟

在信息基础设施方面，欧盟2014年首次提出"欧洲互联互通数字项目"，部署数字网络和服务，2014年至2023年，项目共启动三期工程，投入资金超33亿欧元。2023年1月，欧盟《2030年数字十年政策方案》正式生效，方案提出数据基础设施建设标准，要求以开放的方式保障欧盟数字主权，以安全和可访问为原则，有效存储、传输和处理大量数据。[1] 截至2023年9月，全球已有277家网络运营商提供5G业务，欧洲占据102家。欧洲多数国家利用低频段和DSS技术扩大5G网络人口覆盖，同比提高11%，但整体上网络部署进度和性能均相对落后。此外，各国依托产业优势与要素禀赋进行应用基础设施重点规划。在欧盟的"欧洲互联互通数字项目二期工程"中，"5G+交通运输""智能社区的5G与边缘云"与"海底电缆、卫星地面基础设施"等领域建设成为最新推进重点。[2]

在数字技术与创新能力方面，2023年1月，欧盟《2030年数字十年政策方案》正式生效，明确成员国每两年调整一次"数字十年"战略路线图；支持共同行动和大规模投资的多国项目，拟启动5G、量子计算机和互联公共管理等领域多国项目。3月，欧盟委员会发布了《2023—2024年数字欧洲工作计划》，阐述未来关键信息技术政策重点，欧盟将投入1.13亿欧元用于改善云服务、人工智能以及数据共享服务和设施。[3] 9月，欧洲量子技术联合基金QuantERA发布《欧洲量子技术公共政策》第二版报告，阐述量子技术计划发展情况。[4] 2023年12月，法国、比利时、芬兰等11个欧盟成员国签署《欧洲量子技术宣言》，加强量子生态合作，提出打造世界上首个"量子谷"；2024年2月，欧洲量子技术旗舰计划战略咨询委员会公布《新版战略研究和产业议程》（New Strategic Research and Industry Agenda），再次明确欧盟作为世界首个"量子谷"的地位。2024年5月，欧盟理事会批准《人工智能法案》，该法案是世界上首部对人工智能进行全面监管的法案。"地平线欧洲"是欧盟在2021年至2027年期间为研究与创新提供资金的重要方案，为支持数字化转型研究，确保

---

1 "Europe's Digital Decade: digital targets for 2030"，https://commission.europa.eu/strategy-and-policy/priorities-2019-2024/europe-fit-digital-age/europes-digital-decade-digital-targets-2030_en，访问时间：2024年8月23日。

2 中国信息通信研究院：《全球数字经济白皮书（2023年）》，http://www.caict.ac.cn/kxyj/qwfb/bps/202401/P020240326601000238100.pdf，访问时间：2024年8月23日。

3 "欧盟《2023—2024年数字欧洲工作计划》将投1.13亿欧元提升数据与计算能力"，http://www.ecas.cas.cn/xxkw/kbcd/201115_129816/ml/xxhzlyzc/202306/t20230608_4939869.html，访问时间：2024年6月25日。

4 "Quantum Technologies Public Policies Report"，https://quantera.eu/quantum-technologies-public-policies-report-2023/，访问时间：2024年8月23日。

欧洲在开发和部署关键技术方面的主导地位，该方案对核心数字技术投资达130亿欧元。

在数字经济方面，欧盟重视数字化转型。2023年，欧盟委员会发布《欧洲数字化转型战略规划》，提出加快数字化转型、提升数字技能和加强数字治理等目标。12月，欧盟委员会在"数字欧洲计划"中新增两个端到云服务研究项目，并扩大"数据欧洲"（Data for EU）项目的适用范围，以建设行业内数据空间为重点目标。欧盟持续深化数据要素内部共享相关规定，要求数据中介服务提供商满足欧盟经营准入标准，并对供需方交换的数据保持中立。欧盟《数据市场法》以市场自由和公平竞争为原则，反对数据平台利用垄断地位进行经营，相关平台须在征得用户同意后方可进行定制化广告推送。2023年4月，委员会确定17个超大在线平台和2个超大在线搜索引擎，要求平台每年都采取一次风险评估和风险缓解措施，以解决数字服务对所谓"民主社会"和民众权利构成的风险。欧盟委员会作为监督者和执行者，应审查超大型在线平台和超大型在线搜索引擎的运营模式与操作流程，包括内容审核算法、广告惯例和个性化推荐系统设计。

在数字政府建设方面，2023年3月，欧洲议会通过数字身份提案，4月，由"数字欧洲计划"资助的四个试点项目启动，将数字身份钱包融入26个成员国，以及冰岛、挪威和乌克兰的国家电子身份信息系统。各成员国已经在本国的"国家复苏和韧性计划"中制定"欧洲数字身份钱包"的实施计划。"欧洲数字身份钱包"可以为欧洲民众和企业提供便捷、安全和可互操作的身份识别服务，大大减少公民和公司与公共部门及私人数字服务提供商在线交易的复杂度。6月，欧盟委员会提出规定数字欧元基本要素的法律框架，加快数字欧元推出进程。为促进公共数据开放与再利用，欧盟在2023年12月进一步修订《关于政府部门信息再利用的指令》（Directive 2003/98/EC, PSI Directive），扩大公共数据开放的覆盖范围，并提出数据复用权，为社会公众获取政府数据提供制度依据。

在网络安全方面，欧盟提高网络安全标准，加强防范网络威胁的能力。2023年1月，《关于在欧盟全境实现高度统一网络安全措施的指令》（NIS 2指令）正式生效，进一步提高欧盟网络安全防护水平和事件响应能力。NIS 2指令将正式建立欧洲网络危机联络组织网络EU-CyCLONe，支持大规模网络安全事件和危机的协调管理。欧盟委员会于2023年4月18日发布《网络团结法案》（Cyber Solidarity Act）以及网络安全技术学院（The Cybersecurity Skills Academy）计划。《网络团结法案》从网络安全协作、网络安全能力储备等方面进行规划，旨在提升检测、准备和响应网络安全事件方面的能力，从而更好地应对重大的和大范围的网络安全事件。欧盟新《网络安全条例》于2024年1月7日生效，该条例规定每个欧盟组织机构需要就建立内部网络安全风险治理和控制框架采取相应措施。根据该条例，欧盟将设立机构间网络安全委员会（IICB），以监测和支持欧盟实体落实条例要求。欧美达成新的跨大西洋数据隐私框架，启动《欧盟—美国数据隐私框架的充分性认定》。

2. 法国

法国在世界互联网发展指数中的得分排第14位，其中信息基础设施得分排第9位，数字技术和创新能力得分排第16位，数字经济得分排第9位，数字政府得分排第14位，网络安全得分排第5位，网络空间国际治理得分排第10位。

在信息基础设施方面，法国5G网络已覆盖超过80%人口，显著提升移动互联网的速度和稳定性。为进一步加速5G网络部署计划，法国鼓励私营部门投资5G基站建设。截至2024年3月，法国本土已累计建成具备运行条件的5G基站数量达到45000个，较2023年初增长了近60%。

在数字技术和创新能力方面，2023年11月，法国发布"加速文化创意产业发展国家战略"，计划投资4亿欧元加快法国文化创意产业数字化转型，确保法国全球文化产业优势地位。[1] 法国通过设立研究基金和合作项目，增强人工智能、量子计算等领域的科研创新能力，并提出建立法语数据库，加大资金投入等，提升超级计算机运算能力。与此同时，最新一代欧洲超级计算机"儒勒·凡尔纳"落户巴黎，助力法国人工智能数据分析能力取得飞跃，相关运算服务从2025年起可供科学家使用。[2]

---

1 "法国：数字技术推动文创产业发展"，http://tradeinservices.mofcom.gov.cn/article/news/gjxw/202310/158064.html，访问时间：2024年6月23日。

2 "欧洲E级超算将落户法国"，https://tech.qianlong.com/2023/0625/8056859.shtml，访问时间：2024年6月23日。

在数字经济方面，2023年法国数字经济产值同比增长10%，达到数千亿欧元。法国全面推广数字支付系统，根据法国财政部门的数据，截至2024年6月，数字支付普及率达85%，较2023年同期增长10%。此外，法国经济部发起成立100亿欧元的公共基金，用于支持数字经济发展。作为世界上较早征收数字税的国家之一，法国2023年数字服务税收入达7亿欧元，2024年预计增至8亿欧元，2025年预计将突破10亿欧元大关，为法国财政收入带来持续增长动力。

在数字政府建设方面，2023年6月，法国政府推出"数字政府行动计划"，推动政府服务全面数字化，包括推动电子政务、电子签名、电子支付普及，加强政府数据共享开放。自"数字政府行动计划"实施以来，法国电子政务服务普及率已达90%，政府服务处理时间平均缩短30%。2023年12月，法国政府要求所有公共机构在2024年6月前完成数字化改造，提高在线服务的质量和效率。

在网络安全方面，2023年5月，法国颁布新的网络安全法案（Network Security Act），进一步保护法国关键信息基础设施和网络系统免受网络威胁和攻击的影响。[1]

3. 德国

德国在世界互联网发展指数中的得分排第15位，其中信息基础设施得分排第21位，数字技术和创新能力得分排第12位，数字经济得分排第4位，数字政府得分排第15位，网络安全得分排第3位，网络空间国际治理得分排第5位。

在信息基础设施方面，德国政府积极推动光纤网络、5G网络普及提速。截至2023年底，德国光纤网络覆盖率已达到90%，5G网络已覆盖超过80%的人口密集区域。德国"数字战略2025"将构建千兆光纤网络作为十大行动之首，从资金、技术、政策方面提出一系列举措，助力解决网络基础设施落后问题。[2] 德国政府计划投资1000亿欧元，加快全国光纤宽带网络建设，协同各类基金项目重点支持制造企业和商业中心宽带连接。此外，德国设立100亿欧元专项基金，推动农村地区千兆光纤网络建设。

---

1 "法国政府拟推的互联网安全法案主要有哪些措施？"，https://www.investgo.cn/article/gb/gbdt/202305/667513.html，访问时间：2024年6月23日。

2 "Digital Strategy 2025"，https://www.bmwk.de/Redaktion/EN/Publikationen/digitale-strategie-2025.pdf?__blob=publicationFile&v=1，访问时间：2024年6月24日。

在数字技术和创新能力方面，2023年2月，德国发布《未来研究与创新战略》，提出扩大技术领先地位、加强技术转移、提高技术开放程度三项目标，强调打造循环经济竞争性产业和发展数字技术的重要性。[1]德国政府加大对数字技术研发投入的支持力度，包括资助基础研究、应用研究和技术创新项目。2023年4月，德国政府发布《量子技术行动计划》，承诺提供约30亿欧元资助，推进量子技术研发及应用，确保德国在该领域处于全球领先地位。[2]

在数字经济方面，2023年德国在线销售额达850亿欧元，同比增长1%；其中数字支付近470亿欧元，占比55%。根据Bitkom的数据，2023年德国数字经济营业额已达到2150亿欧元，较2022年增长2.0%，预计到2024年，营业额将进一步增长至2243亿欧元，增长幅度达4.4%。

在数字政府建设方面，2023年6月，德国颁布《数字政府法》（Digitales Staatswesen Gesetz），明确数字政府的建设目标、原则和要求，为数字政府建设提供法律保障。为促进政府数据的开放与共享，9月，德国政府推出"开放数据平台"（Open Data Plattform），汇集各级政府部门公开数据，为公众提供便捷的查询和下载服务。[3]德国政府积极推动政务服务数字化转型，通过优化在线服务平台、推广电子政务等方式，提高政务服务的效率和便捷性。截至2024年3月，德国已有超过80%的政务服务实现在线办理。数字政府建设促进了政府工作的透明化进程，方便民众获取政府信息，并参与政府决策过程。

在网络安全方面，为应对日益严峻的网络安全挑战，2023年10月德国通过《网络安全法》（IT-Sicherheitsgesetz 2.0），加强关键信息基础设施保护，明确网络安全责任，提高网络安全事件的应对能力。12月，德国成立国家网络安全局（Bundesamt für Sicherheit in der Informationstechnik，BSI），负责协调和指导全国的网络安全工作。德国政府加大对网络安全技术研发的投入，支持企业和研究机构开展网络安全技术研究和创新，据德国联邦教研部数据，2024年网络安全技术研发经费预计增长15%，达到约10亿欧元。德国政府举办网络

---

1 "Zukunftsstrategie Forschung und Innovation"，https://www.bmbf.de/bmbf/de/forschung/zukunftsstrategie/zukunftsstrategie.html，访问时间：2024年6月24日。

2 "Handlungskonzept Quantentechnologien beschlossen"，https://www.bmbf.de/bmbf/shareddocs/kurzmeldungen/de/2023/04/230425-handlungskonzept-quantentechnologien.html#searchFacets，访问时间：2024年6月24日。

3 谢鹏亚，邱月宝，任真：《德国开放数据实践及启示》，《世界科技研究与发展》，2023年第6期，第670—678页。

安全宣传活动、开展网络安全教育，提高公众网络安全意识和防护能力。2024年1月，德国网络安全宣传活动的参与人数较上年增长20%。德国网络安全产业快速发展，为网络安全防护提供有力支撑，据市场研究机构国际数据公司（IDC）数据，2024年德国网络安全市场规模预计增长13.1%，将首次突破百亿欧元大关，达到约105亿欧元。其中，安全软件领域支出增长最为强劲，预计增长16.9%，达到52亿欧元。

4. 俄罗斯

俄罗斯在世界互联网发展指数中的得分排第30位，其中信息基础设施得分排第34位，数字技术和创新能力得分排第28位，数字经济得分排第30位，数字政府得分排第29位，网络安全得分排第20位，网络空间国际治理得分排第47位。

在信息基础设施方面，2024年，俄罗斯互联网用户数量达到1.3亿，互联网普及率达到90%。俄罗斯政府在"国家数据经济和数字转型"预算中，重点投资"发展国家数据传输和处理基础设施"（5666亿卢布，预算外资金3503亿卢布）、"人工智能"（3880亿卢布，预算外资金1878亿卢布）、"建立和发展数字平台"（3681亿卢布，预算内资金）及"支持新研发及成果推广"（1344亿卢布，预算外资金455亿卢布），总成本约为1.6万亿卢布。

在数字技术和创新能力方面，2023年俄罗斯大力发展人工智能产业，积极培养人才。11月，俄罗斯政府公布"2024年工作优先方向"，明确数字经济和科技创新领域发展目标，强调通过科技进步和知识产权交易加速国家创新进程。2021年至2024年，俄罗斯政府为人工智能中小型企业提供280亿卢布的资金援助，俄罗斯高校招收人工智能相关人才3200名，启动俄罗斯国家人工智能发展中心。2023年9月，俄罗斯成功研发首架智能机翼无人驾驶倾转旋翼机，达到国际先进水平，随后研发出反无人机电磁脉冲炮弹，增强无人机防御能力。

在数字经济方面，2023年，俄罗斯数字经济规模持续增长，其中，电子商务领域交易额同比增长20%。2023年7月，俄罗斯正式引入数字卢布，创建相应电子平台。[1] 2023年8月1日起，数字卢布开启实际应用新阶段。这一举措标

---

[1] "俄罗斯总统签署法律推出数字卢布"，http://www.news.cn/2023-07/24/c_1129766173.htm，访问时间：2024年7月25日。

志着俄罗斯在数字经济领域迈出实质性的步伐。俄罗斯数字教育普及率得到显著提高。截至2024年3月,已有近40万教师获得"数字教育平台"访问权限,13%的教师接受ICT培训。

在数字政府建设方面,2023年9月,俄罗斯数字发展、通信和大众媒体部签署扩大国家政务服务平台功能合同,进一步推进政务服务数字化。截至2024年3月,俄罗斯国家服务网站(Госуслуг)的注册用户数量突破1亿,活跃用户超过3500万。

在网络安全方面,2023年10月,俄罗斯通过《关于信息、信息技术和信息保护法》修正案,加强网络犯罪打击力度,明确网络犯罪刑事责任。同时,俄罗斯加强网络安全防御系统建设,2024年1月,俄罗斯DDOS攻击防御系统已接近完成,有效监测和分析国内外互联网流量,一旦发现有害流量将实施封堵。俄罗斯网络安全应对能力持续加强,俄乌冲突期间网络攻击事件频发,但俄罗斯关键信息基础设施受损情况相对较少。

(四)北美洲

1. 美国

美国在世界互联网发展指数中的得分排第1位,其中信息基础设施得分排第2位,数字技术和创新能力得分排第2位,数字经济得分排第1位,数字政府得分排第7位,网络安全得分排第1位,网络空间国际治理得分排第1位。

在信息基础设施方面,据美国官方数据,截至2023年底,美国互联网普及率已达到约90%,居世界前列,已建成超过10万个5G基站,覆盖全国大部分城市和地区。同时,美国积极推动5G技术应用,进一步提升本国数字化水平。

在数字技术和创新能力方面,美国高度重视人工智能发展,其人工智能法规数量急剧增加,2023年增长56.3%。[1] 2024年4月,美国总统科学技术顾问委员会(PCAST)发布《赋能研究:利用人工智能应对全球挑战》报告,提出人工智能加速研究的五大发现和相关建议。量子技术方面,美国通过《国家量子计划法案》(NQI Act)和《国家量子计划(NQI)总统2024财年预算补编》

---

[1] "THE AI INDEX REPORT",https://aiindex.stanford.edu/report/,访问时间:2024年8月23日。

等文件，为该领域提供长期稳定的资金支持。

在数字经济方面，美国信息基础设施、数字产业和数字市场等发展水平均处于世界前列。2023年6月，美国商务部发布《数字经济战略框架》，明确数字经济发展的重点领域和目标。2023年美国在数字经济领域的研发投入达数千亿美元，同比增长超10%。美国数字经济规模持续扩大，成为推动经济增长的重要力量，根据美国商务部数据，2023年美国数字经济规模达到18万亿美元，占GDP比重超60%；其中，电子商务、云计算、数字内容等领域增长尤为显著。[1]

在数字政府方面，美国强调利用数字技术提升政府效率、改善公共服务，发布《2023—2025年情报界数据战略》等政策文件，明确政府情报部门数字化发展的方向和重点，提升政府决策的科学性和精准性。[2] 2024年4月，美国参议院国土安全和政府事务委员会批准《多云创新和进步法案》（The Multi-Cloud Innovation and Advancement Act），要求并指导多个政府机构协作实施多云计算和互操作。[3]

在网络安全方面，2023年3月，美国发布新版《国家网络安全战略》，为美国网络安全防护提供全面战略指导。2024年4月，美国总统拜登签署国家安全备忘录，敦促美国情报机构参与关键基础设施保护。同年5月，美国白宫国家网络主任办公室发布《2024年美国网络安全态势报告》和第二版《国家网络安全战略实施计划》[4]；美国参议院规则委员会通过三项法案，旨在防范政治广告中的深度伪造风险，降低人工智能对美国大选的负面影响。此外，美国国防部成立了网络司令部，负责统筹协调网络空间作战和防御。

在网络空间治理方面，2024年5月，美国国务院发布了《美国国际网络空间和数字政策战略：迈向创新、安全和尊重权利的数字未来》，该战略重点阐述了数字团结（digital solidarity）的概念，即愿意为共同目标携手努力、团结

---

[1] 中国信通院：《全球数字经济白皮书（2024年）》，http://www.caict.ac.cn/kxyj/qwfb/bps/202212/P020221207397428021671.pdf，访问时间：2024年9月9日。

[2] "The IC Data Strategy 2023-2025", https://www.dni.gov/files/ODNI/documents/IC-Data-Strategy-2023-2025.pdf，访问时间：2024年8月23日。

[3] "美国参议院通过《多云创新和进步法案》"，http://drciite.org/m/detail/40986，访问时间：2024年6月6日。

[4] "白宫发布《2024年美国网络安全态势报告》及第二版《网络安全战略实施计划》"，http://globaltechmap.com/document/view?id=41357，访问时间：2024年6月6日。

一致、相互支持。[1]

2. 加拿大

加拿大在世界互联网发展指数中的得分排第9位，其中信息基础设施得分排第10位，数字技术和创新能力得分排第10位，数字经济得分排第15位，数字政府得分排第8位，网络安全得分排第5位，网络空间国际治理得分排第7位。

在信息基础设施方面，加拿大政府积极建设和部署5G网络和边缘计算基础设施。2023年底，加拿大5G网络已覆盖超1500个社区，服务人口达1900万。根据IDC预测，到2024年，加拿大在边缘计算领域的总花费达75亿加元，复合年均增长率达到12.3%。加拿大在互联网普及率方面取得显著进展，根据世界银行数据，2023年底，加拿大固定宽带用户达1583万，移动手机用户达3236万，智能手机覆盖率达84.4%，LTE（Long Term Evolution，长期演进）网络覆盖超99.5%的居民。

在数字技术和创新能力方面，加拿大凭借其强大的科研实力和持续的创新投入取得显著成就。根据加拿大政府报告，2023年，加拿大在人工智能、量子计算、云计算等领域的研发投入达到历史新高。加拿大设立多个研究机构和实验室，推动数字技术创新和应用。根据《2023全球数字科技发展研究报告》，加拿大在人工智能领域的论文数量和质量均处于全球领先地位。同时，加拿大拥有多家全球知名的人工智能企业和研究机构，为人工智能创新发展做出重要贡献。

在数字经济方面，加拿大高度重视数字经济发展，出台系列政策措施，引导支持数字经济发展。加拿大先后发布《衡量数字经济》报告和《加拿大数字经济战略》等，明确数字经济发展目标和方向。[2] 此外，加拿大设立共享服务机构（Shared Service Canada）等，负责管理维护政府信息技术业务，为数字经济发展提供有力支持。

在数字政府方面，2023年加拿大政府发布《数字政府战略》，提出加强信息基础设施建设、推动数据共享与开放、优化在线服务提供等措施，为数字政

---

1 "Building Digital Solidarity: The United States International Cyberspace & Digital Policy Strategy", https://www.state.gov/building-digital-solidarity-the-united-states-international-cyberspace-and-digital-policy-strategy/，访问时间：2024年8月23日。

2 "加拿大数字经济发展情况"，http://ca.mofcom.gov.cn/article/ztdy/202309/20230903444091.shtml，访问时间：2024年6月8日。

府发展提供指导。加拿大政府通过开放数据门户向公众提供各类政府数据集。根据加拿大政府开放数据门户的统计，已有数千个数据集可供公民和企业使用，支持科技创新和社会进步。

在网络安全方面，2023年6月，加拿大提交《网络安全法案》（C-26法案），旨在通过修订《电信法》和实施《关键网络系统保护法》（CCSPA），加强金融、电信、能源和交通部门的网络安全。此外，加拿大发布《国家网络安全战略》（NCSS），提出网络安全领域"五年行动计划"（2019—2024），推动实现安全和有韧性的网络生态系统[1]；通过制定《关键信息基础设施保护法》、加强关键信息基础设施的安全监测与预警、建立应急响应机制等措施，有效保障关键信息基础设施安全稳定运行；通过加强网络安全技术研发、建设网络安全基础设施、培养网络安全人才等措施，有效提升国家网络空间的防御能力。

在网络空间综合治理方面，加拿大政府高度重视网络空间法治化建设。2023年5月，加拿大颁布《网络空间治理法案》（C-27法案），该法案旨在通过明确网络空间治理的原则、规范网络行为、保护用户权益等措施，构建一个安全、稳定、繁荣的网络空间。此外，加拿大还定期发布《国家网络安全战略》和《网络安全行动计划》，为网络空间治理提供全面的战略指导。

3.墨西哥

墨西哥在世界互联网发展指数中的得分排第38位，其中信息基础设施得分排第37位，数字技术和创新能力得分排第40位，数字经济得分排第30位，数字政府得分排第21位，网络安全得分排第43位，网络空间国际治理得分排第29位。

在信息基础设施方面，据墨西哥国家统计局（INEGI）和联邦电信局（IFT）发布的《2023年全国家庭信息技术可用性和使用情况调查》（ENDUTIH）显示，2023年墨西哥互联网用户达9700万人，占该国总人口的81.2%，同比增长2.6个百分点，并较2020年增长9.7个百分点。[2] 墨西哥政府自2019年起推出"人人享有数字互联网"项目，通过增设免费无线网络接入点，提高互联网普及

---

[1] "National Cyber Security Action Plan (2019−2024)", https://www.publicsafety.gc.ca/cnt/rsrcs/pblctns/ntnl-cbr-scrt-strtg-2019/index-en.aspx，访问时间：2024年9月9日。

[2] "2023年墨西哥互联网用户达9700万人"，http://mx.mofcom.gov.cn/article/ztdy/202407/20240703524301.shtml，访问时间：2024年8月23日。

率。[1]截至2023年12月，墨西哥全国范围内的免费Wi-Fi接入点已超过3万个，预计到2024年底将增至4万个，覆盖约98%的人口。同时，墨西哥加大投资力度，升级现有网络设施，提高网络带宽和传输速度。根据墨西哥电信公司的报告，截至2023年底，墨西哥城地区的平均网络速度已达到50Mbps，预计到2024年底将提升至100Mbps。

在数字技术和创新能力方面，墨西哥政府高度重视科技研发工作，通过设立科技基金、鼓励产学研合作等措施，加强科技创新能力。2023年，墨西哥科技研发投入占GDP的1.2%，预计2024年将提升至1.3%。根据世界知识产权组织（WIPO）发布的《2023年全球创新指数报告》，墨西哥的创新能力全球排名有所提升，墨西哥数字化教学平台已覆盖全国大部分学校，金融机构数字化转型取得积极进展，金融服务效率和客户满意度有所提高。

在数字经济方面，2023年墨西哥数字经济规模已达到GDP的15%，预计到2024年底将进一步提升至17%。墨西哥政府出台一系列政策措施推动数字经济的增长。2023年，墨西哥政府发布《数字经济战略框架》和《数字经济行动计划》等政策文件，明确数字经济发展目标和路径。数字经济的快速增长为墨西哥经济注入新活力，成为经济增长的新动力。

在数字政府方面，墨西哥政府高度重视数字政府建设，2023年初制定并发布《数字政府战略规划（2023—2027）》，明确数字政府建设的目标、原则和行动计划，通过技术创新和数字化转型提升政府治理效能。墨西哥政府积极推动政务服务数字化转型，通过建设电子政务平台，实现政府服务在线化、智能化。截至2023年底，墨西哥已有超过80%的政务服务实现在线办理，包括更换驾照、纳税申报等，预计到2024年底这一数据将提升至90%。通过政务服务数字化转型，墨西哥政府服务效率得到显著提升。据统计，截至2023年底，墨西哥政府在线服务的处理时间平均缩短30%。

在网络安全方面，自2023年1月起，墨西哥政府颁布并实施了《网络安全法》和《数据保护法》等法律法规，为网络安全提供坚实的法律基础。此外，墨西哥还设立专门的网络安全机构，负责监管和协调网络安全事务。墨西哥积

---

1 "弥合数字鸿沟　共享数字红利（国际视点）"，http://world.people.com.cn/n1/2024/0712/c1002-40276202.html，访问时间：2024年8月23日。

极与国际社会合作，共同打击跨国网络犯罪活动。2023年6月，墨西哥与美国、加拿大等国家签署网络安全合作协议，加强信息共享和执法合作。10月，墨西哥加入全球网络安全合作倡议，与其他国家共同分享网络安全技术和经验。

（五）拉丁美洲

1. 阿根廷

阿根廷在世界互联网发展指数中的得分排第40位，其中信息基础设施得分排第36位，数字技术和创新能力得分排第37位，数字经济得分排第37位，数字政府得分排第34位，网络安全得分排第45位，网络空间国际治理得分排第38位。

在信息基础设施方面，阿根廷政府通过《数字议程2030》（Agenda Digital 2030），推动企业数字化转型、建设数字化支付系统、发布数字经济测度工具箱。2023年，阿根廷投入科研经费预算为5000亿比索，全国科研人员为4.7万人，推动数字技术研发与应用。[1]

在数字技术和创新能力方面，阿根廷通过设立科技创新基金、税收优惠等措施，鼓励企业加大科技创新和研发投入。作为拉美地区重要的软件开发国和出口国，阿根廷拥有超过4200家软件公司。2022年8月，阿根廷推出"国家科技创新计划2030"，旨在通过科技创新解决贫困、粮食主权、教育、健康卫生等问题，促进电信、信息技术产业等领域发展。为帮助中小企业实现数字化转型，阿根廷政府推出"中小企业数字化转型计划"，截至2023年底，已有超过600家中小企业参与该计划，并取得显著成效。

在数字经济方面，阿根廷数字经济规模持续增长，2023年数字经济规模占GDP的25%，较上年增长10%。2023年9月，阿根廷发布"知识经济就业促进计划"（Insertar），通过提供"不可撤回融资"提振知识经济领域就业，为中小微企业创造更多就业岗位。[2] 阿根廷积极推动数字经济国际合作，2023年6月，与中国签署共建"一带一路"合作规划，就推动中阿信息基础设施建

---

[1] "对外投资合作国别（地区）指南——阿根廷"，https://www.mofcom.gov.cn/dl/gbdqzn/upload/agenting.pdf，访问时间：2024年8月23日。

[2] "阿根廷政府出台'知识经济就业促进计划（Insertar）'"，http://ar.mofcom.gov.cn/article/jmxw/202309/20230903442762.shtml，访问时间：2024年6月12日。

设、数字经济合作等方面持续开展合作交流。[1]

在数字政府方面，2023年阿根廷政府在线服务响应时间缩短30%，用户满意度提高20%。随着数字政府工作推进，阿根廷公民数字参与度不断增加。政府通过社交媒体、在线调查和电子邮件等方式与公民进行互动，收集社情民意、优化政策制定，提高政策制定的科学性和民主性。阿根廷政府加强数字政府国际合作，参与多个国际数字政府合作项目，与其他国家分享经验和技术，推动本国数字政府建设发展。

在网络安全方面，2023年10月，阿根廷批准《第二个国家网络安全战略》，明确国家网络安全原则和目的，更好应对技术快速发展带来的新挑战。[2] 此外，阿根廷政府加强网络安全监管，提升关键信息基础设施防护能力，推广数字身份验证和加密技术，确保在线服务的安全性和可信度。

2. 古巴

古巴在世界互联网发展指数中的得分排第52位，其中信息基础设施得分第51位，数字技术和创新能力得分第51位，数字经济得分第50位，数字政府得分排第52位，网络安全得分排第39位，网络空间国际治理得分第51位。

在信息基础设施方面，截至2023年底，古巴已建成多条海底光缆，并与多国建立互联网连接，有效提升网络速度和稳定性。超过400万古巴民众可通过公共无线网络设施实现联网，占总人口的近一半。

在数字技术和创新能力方面，古巴政府加大对数字技术研发的投入，支持科研机构和高校开展前沿技术研究。2023年10月，古巴通信部发布关于数字技术研发的长期规划，明确人工智能、大数据、云计算等领域的研发目标。

在数字经济方面，随着互联网基础设施的改善，古巴电子商务呈现出快速增长态势，其他行业数字化转型进程加快。据统计，2023年古巴电子支付平台用户总数达到928万，比上年增加11万户，电子商务交易额达到历史新高。同时，古巴通过数字支付的资金量大幅增加。2023年通过MiTransfer手机钱包支付记录达到3770万笔，涉及37.6万个用户；而Transfermóvil转账的次数更是高

---

1 "中国与阿根廷签署共建'一带一路'合作规划"，https://www.gov.cn/yaowen/liebiao/202306/content_6884373.htm，访问时间：2024年6月12日。

2 "阿根廷通过第二个国家网络安全战略"，https://commerce.ah.gov.cn/ggfw/gpmyyWTOsw/flfg/121850691.html，访问时间：2024年6月12日。

达9.77亿次，较2022年增长了25%。旅游业中有95%的业务都是通过数字渠道支付。在行业数字化转型方面，古巴医疗系统推出一系列医疗软件和移动应用，积极采用数字化手段提高医疗服务效率和质量。2024年3月，古巴邮政公司宣布与中国企业开发数字化邮政服务，推动邮政行业的数字化转型。

在数字政府方面，古巴政府将电子政务纳入政府服务项目，建设电子政务平台，实现政府服务线上办理。古巴法院积极推进司法系统信息化进程，与高校合作开发数字化办公办案项目和应用程序，探索电子送达法律文书等数字化服务方式。2024年初，古巴法院系统已经全面实现电子送达法律文书功能，有效提高了司法效率。

在网络安全方面，2023年10月，古巴政府正式颁布《网络安全法》，明确网络安全基本原则、管理机构和法律责任。2023年，古巴成功应对多起网络攻击事件，保障国家关键信息基础设施安全。古巴政府通过加强网络安全监测和预警，及时发现并处置网络攻击事件，有效遏制网络攻击蔓延。此外，古巴不断加强网络安全技术研究，引进先进的网络安全设备和解决方案，加强国际合作交流，有效提高网络安全防护水平。

在网络空间综合治理方面，2023年10月，古巴政府正式颁布《网络空间治理法》，为本国网络空间治理工作提供法律保障。该法律旨在规范网络行为，保护网络安全，促进网络空间的健康发展。随着网络空间治理工作的深入推进，古巴网络空间环境得到显著改善，网络空间的非法信息、恶意攻击等得到有效遏制。

（六）大洋洲

1. 澳大利亚

澳大利亚在世界互联网发展指数中的得分排第16位，其中信息基础设施得分排第26位，数字技术和创新能力得分排第14位，数字经济得分排第22位，数字政府得分排第5位，网络安全得分排第9位，网络空间国际治理得分排第7位。

在信息基础设施方面，根据Gartner的预测，2024年澳大利亚的IT支出预计将超过1330亿澳元，相较于2023年增长7.8%。[1] 这一增长主要得益于政府对互联网基础设施建设的重视和投入。软件方面的支出预计将增长12.8%，成为

---

[1] "Gartner：2024年澳大利亚IT支出将超过1330亿澳元"，https://www.199it.com/archives/1650421.html，访问时间：2024年6月15日。

增长最快的部分。在卫生领域，澳大利亚卫生和老年护理部于2023年发布《数字健康蓝图（2023—2033）》，强调健康信息的互通共享。[1] 政府计划加强数字健康部建设，以推动医疗系统数字化改革，提升医疗服务的连续性和质量。

在数字技术和创新能力方面，澳大利亚知识产权局（IP Australia）于2024年5月发布《2024年澳大利亚知识产权报告》。报告显示，尽管面临通货膨胀和利率上升的挑战，但2023年澳大利亚所有知识产权类别的申请数量均有增加，反映澳大利亚在创新产出和知识产权保护方面的强劲表现。[2] 在人工智能技术方面，2023年12月，澳大利亚联邦科学与工业研究组织（CSIRO）发布《澳大利亚人工智能（AI）生态系统》报告，揭示澳大利亚AI生态系统正快速增长、呈现专业化和多样化的特点。[3] 2024年4月，澳大利亚成立国家量子计算中心。5月，澳大利亚发布首份《国家机器人技术战略》，聚焦提升国家机器人技术能力、提高各行业机器人采用率、提高机器人和自动化技术安全性、促进机器人行业多样性和包容性。

为推动数字经济的发展，2023年9月，澳大利亚正式实施《2023年数字资产法案》，建立数字资产许可制度，明确澳大利亚央行数字货币（CBDC）流通要求，为数字资产合规性和安全性提供法律保障。自该法案实施以来，澳大利亚数字经济呈现强劲增长势头。2023年第四季度，澳大利亚数字经济相关产业的增长率达到3.5%，远高于同期整体经济增长率。

在网络安全方面，2023年11月，澳大利亚发布《2023—2030年澳大利亚网络安全战略》，明确提出"增强基础"目标，堵上网络防护关键缺口，全面提升国家的网络安全水平。[4] 澳大利亚高度重视隐私保护和虚假信息问题。2023年5月，澳大利亚政府提出系列惩罚措施，包括打击随意传播他人私密信息行为。8月，澳大利亚信息专员办公室（OAIC）联合英国信息专员办公室

---

1 "从澳大利亚发布数字健康十年规划，看互联互通的关键作用"，http://news.sohu.com/a/770024028_100147901，访问时间：2024年6月15日。

2 "澳大利亚发布《2024年知识产权报告》"，http://ipr.mofcom.gov.cn/article/gjxw/gbhj/dyz/adly/202405/1986097.html，访问时间：2024年6月15日。

3 "澳大利亚联邦科学与工业研究组织分析澳人工智能生态系统"，http://www.casisd.cn/zkcg/ydkb/kjzcyzxkb/2024/zczxkb202402/202403/t20240319_7046383.html，访问时间：2024年6月15日。

4 "澳大利亚政府发布《2023—2030年网络安全战略》"，https://dsj.hainan.gov.cn/zcfg/gwfg/202401/t20240103_3562880.html，访问时间：2024年6月15日。

（ICO）等11家国际数据保护机构发布数据抓取联合声明，要求社交媒体及其他类型网站采取相关措施防止非法数据抓取。

2. 新西兰

新西兰在世界互联网发展指数中的得分排第18位，其中信息基础设施得分排第18位，数字技术和创新能力得分排第19位，数字经济得分排第27位，数字政府得分排第3位，网络安全得分排第31位，网络空间国际治理得分排第11位。

在信息基础设施方面，新西兰政府和运营商积极推动5G部署。2023年，新西兰政府与本国三大移动网络运营商（Spark、2degrees和One New Zealand）签署协议，在新模式下直接分配C频段频谱，频谱收入将用于乡镇和农村地区移动网络升级。[1] 为进一步加快农村地区移动网络覆盖，Spark宣布将在2025年底关闭3G网络，释放有限的无线电频谱，以便在农村地区推出5G。[2]

在数字技术和创新能力方面，2023年6月，新西兰政府宣布将在未来5年内投资1200万新西兰元（约合707万美元），用于支持量子技术研究计划。同时，新西兰在量子科技领域的专利申请数量呈现出快速增长趋势，2023年至2024年期间，新西兰共提交超过50项量子通信、量子计算等领域的专利申请。

在数字经济方面，2023年6月，新西兰政府发布《互联Ako：数字化和数据学习战略》，战略为期10年（2023年至2033年），用于指导新西兰政府教育机构的数字化和数据发展方向。[3] 7月，新西兰政府发布数字技术产业转型计划，优先发展技术职业认知、数字就业途径、鼓励技能提升和再培训等三个方面，预计到2030年，新西兰数字技术领域的工作岗位将增加到58万个。

四、世界互联网发展趋势展望

当前，全球进入新的动荡变革期，世界之变、时代之变、历史之变正以

---

[1] "新西兰政府为三家运营商直接分配C频段频谱"，https://www.cnii.com.cn/gxxww/rmydb/202307/t20230706_484694.html，访问时间：2024年6月16日。

[2] "新西兰Spark计划2025年底关闭3G网络：曾让当地人首次能用手机上网"，http://www.c114.com.cn/topic/116/a1228253.html，访问时间：2024年6月16日。

[3] "Connected Ako: Digital and Data for Learning"，https://assets.education.govt.nz/public/Documents/our-work/strategies-and-policies/digital-strategy/Connected-Ako-Digital-and-Data-for-Learning.pdf，访问时间：2024年6月16日。

前所未有的方式展开，世界和平与发展面临诸多挑战。新一轮科技革命和产业变革为各国高质量发展提供重要战略机遇，生成式人工智能、区块链、量子技术、卫星互联网等新技术快速发展，社交媒体模式发生颠覆式创新，网络空间攻防对抗智能化趋势凸显，数字经济成为各国推动经济复苏的重要力量和新生动能，传统规则体系已不适应数字时代的发展要求，完善数字时代国际规则体系日趋紧迫。

（一）全球数字经济稳步发展，国际规则体系仍待完善

世纪疫情影响深远，逆全球化思潮抬头，单边主义、保护主义明显上升，世界经济复苏乏力。根据世界银行发布的最新《全球经济展望》报告，全球经济增长将连续第三年放缓，从2023年的2.6%降至2024年的2.4%。但数字经济领域以蓬勃的活力和巨大的潜力逐步成为各国经济结构的核心组成部分，以其技术创新内核成为经济发展变革的关键变量。各国加速推进数字经济发展，先后发布中长期数字化发展战略，抢抓全球数字经济市场主动权和数字治理话语权。

数字经济领域的竞争既是技术之争，更是规则之争，掌握数字经济规则制定权即掌握发展的主动权。各国均试图借助规则主导权加紧输出本国数字治理模式，延伸数字管辖权，吸引利益相关者共同构筑规则，数字经济发展正拉开国际规则体系新竞争的帷幕。随着数字经济产业竞争战略地位上升，技术、标准、人才和规则竞争持续加剧，进一步深化了数字经济产业的"隐形竞争"，涉及核心利益的焦点议题博弈更激烈。美国等数字产业强国主张数据跨境自由流动，强调保护数字知识产权，反对征收数字税。欧盟主张构建"外严内松"的规则体系，以扶植本土数字经济发展。新兴经济体主张在数据跨境和市场准入方面加设豁免性条款，设置数字技术援助条款。

加快推动互联网全球治理体系变革和共同构建安全稳定繁荣的网络空间具有重大意义。各国应在充分尊重主权与发展利益的基础上，积极参与全球数字治理规则和数字经济国际治理新机制磋商，共同构建开放、透明、公开、公正、安全、可靠的国际数字规则体系。

（二）未来产业成为大国角力"主战场"，前瞻布局尚需合理谋划

未来产业由未来科技、原创引领技术、颠覆性技术和基础前沿技术交叉融

合推动，尚处于萌芽或产业化初期，对未来经济社会发展具有关键支撑引领作用。前瞻布局未来科技与未来产业已经成为抢抓新领域新赛道、培育新动能新优势的全球共识。世界各国在人工智能、量子信息科学、先进制造、生物技术和先进通信网络等未来产业重点领域展开激烈竞争，纷纷制定产业扶持政策，加大资金和人才的投入支持力度。

未来产业发展核心在于突破前沿科技，促进产业化生产加速，进一步推动新产业集群的形成，对现有产业产生赋能效应，从而培育新的经济增长点，在全新竞争赛道上抢占先机。但此类前瞻性布局需要完善有效的政策工具，应强化战略导向，加速推动重点科技领域的协同突破，准确把握前沿技术发展需求和方向，鼓励金融创新在未来产业发展领域的拓展，促进创业投资等融资模式的深化，引导更多产业资本、金融资本、社会资本流向未来产业。

（三）社交媒体平台蓬勃发展，智能算法成为重要变量

社交媒体已经成为人们进行信息传播、社交互动、内容分享等活动的首选平台。据 HubSpot 和 Brandwatch 调研，社交媒体平台 TikTok 已经超过搜索引擎谷歌成为"千禧一代"的主要信息来源。

在智能传媒时代，智能算法快速发展和应用，社交媒体呈现出"人格化传播"特点。部分国家试图以"算法偏见"塑造"价值偏见"，以"算法霸权"维护"舆论霸权"，加剧社交媒体"武器化"倾向。因此，如何在有效控制的基础上发挥智能算法优势，真正做到"算法向善"，是智能传播时代下需要持续思考的问题与提升的能力。各国应加强智能算法技术研究，加大技术攻关突破力度，推动产业、用户、平台、算法研究方共同协作，构建可持续发展的良性生态环境。

（四）地缘冲突与网络对抗交织成新常态，网络安全形势日趋复杂

俄乌冲突、巴以冲突期间，政府机构和私营部门遭受的网络攻击激增。根据网络威胁情报平台 FalconFeeds.io 的监测，全球近 60 支黑客组织参与围绕巴以冲突的网络攻击活动。地缘政治引发的低烈度网络攻击呈现出泛化的趋势，甚至可能蔓延到其他国家。由于印度公开支持以色列，多个黑客组织被发现正在策划对印度进行网络攻击，黑客组织"巴勒斯坦幽灵"公开声称要对印度进

行网络攻击，并强调攻击原因是印度站边以色列，均表明网络战已经呈现"溢出"效应。

在地缘政治冲突影响下，更多国家和地区加强网络军事能力建设。网络战参与主体已打破国内与国际、军事与民事、国家与非国家行为体之间的界限。未来应警惕网络战跨域升级，没有国界和海洋的保护，网络战的参与者可以来自不同国家，网络病毒或网络骚乱也可以扩散波及其余国家。

（五）生成式人工智能应用潜力巨大，技术治理挑战亟待解决

2023年是生成式人工智能技术的突破之年，呈现出技术迭代快、应用渗透强、国际竞争激烈等特点。无论是在科研、商业还是民用等领域，生成式人工智能均有广泛的应用前景。据IBM发布的《2023年全球AI采用指数》显示，约42%的受访企业已经积极使用人工智能，约59%的受访企业计划加大对人工智能技术的投资。生成式人工智能将成为未来一段时期数字经济产业发展的创新引擎和通用工具，有可能改变数字经济产业创新格局和市场竞合关系，形成新的生产方式、商业模式和增长点。

生成式人工智能改变人们生活、赋能各行各业的同时，也暗藏风险隐患。大模型"幻觉"造成输出结果不符合事实；技术滥用带来欺诈、虚假信息传播等不良影响；大模型依靠从互联网抓取的海量数据训练，有可能损害数据隐私、侵犯版权等；人工智能应用在军事领域，一旦"失控"下达错误指令，造成的风险和危害巨大。人工智能治理是全球面临的共同挑战，需要国际社会秉持真正的多边主义精神，开展广泛对话，不断凝聚共识。2023年11月，全球首届人工智能安全峰会通过《布莱切利宣言》，提出人工智能的许多风险本质上是国际性的，因此"最好通过国际合作来解决"。在推动人工智能快速发展之际，需要更全面深入的科学论证、周密规划和有效执行。人工智能治理攸关全人类命运，国际社会应该负责任地使用人工智能，加强交流合作，形成具有广泛共识的人工智能治理框架和标准规范，不断提升人工智能技术的安全性、可靠性、可控性、公平性。

第1章

世界信息基础设施建设

信息基础设施作为信息时代推动数字经济发展的重要基石，在经济社会发展中的作用越来越重要。世界各国也愈发重视信息基础设施建设，持续加大投入，推动发展。目前全球已有310个5G商用网络投入运营，全球5G网络覆盖面持续扩大，5G基站总量大幅增加，全球5G用户数达到16亿，渗透率接近20%，5G独立组网（5G SA）技术加速发展。各国不断加大宽带网络建设，推动FTTH加速部署，但网络覆盖两极分化越发严重。IPv6部署在全球范围内持续增强，全球IPv6部署率已经达到36.5%。全球卫星导航系统市场快速扩展，中国北斗卫星导航系统国际化应用不断提高。世界算力基础设施规模快速增长，数据中心规模不断扩大，云计算市场头部效应明显，边缘计算发挥作用愈发凸显。应用基础设施建设进程加快，物联网端点大规模部署，工业互联网快速增长，车联网渗透率不断提升。

1.1 通信网络基础设施持续建设

当前，全球5G网络建设不断扩大，5G商用进程加速。宽带网络用户数量持续增长，各国积极推动千兆光纤网络改造升级。IPv6规模化部署与应用进程稳步推进，用户数量和应用支持率不断攀升。卫星互联网加快商用，各国正在加速布局。卫星导航市场竞争力度逐渐增大，中国北斗卫星导航系统国际化应用发展加速。

1.1.1 全球5G网络建设进一步加快

1. 全球5G网络商用进程不断加速

全球5G网络建设稳步推进，未来仍有较大发展空间。据GSA（Global mobile Suppliers Association，全球移动供应商协会）统计，截至2024年3月，已确定来自175个国家/地区的585个运营商正在投资5G网络，其中118个国家/地区的310家运营商已推出或试推出符合3GPP标准的5G服务，117个国家/地区的299家运营商已推出5G移动服务。同时，71个国家/地区的153家运营商已推出或试推出符合3GPP标准的5G固定无线服务。目前有124家运营商正在投资独立接入的5G网络，包括评估、测试、试点、规划和部署阶段，其中49家运营商已在公共网络中部署、推出或试推出独立5G服务。[1] 随着5G商用步伐在全球范围内的加快，截至2024年1月，全球101个国家的261个运营商已推出商用5G移动服务。到2023年底，全球5G连接数量已达16亿，预计这一数字将在2030年升至55亿。[2]

5G-A（5G-Advanced，5G增强版）从技术验证阶段逐步进入试商用部署阶段。2023年，全球已有13家运营商发布5G-A试点网络，包括中国移动、中国联通、中国电信、中国移动香港、澳门电讯、香港电讯、和记电讯、STC集团、阿联酋du、阿曼电信、沙特Zain、科威特Zain、科威特Ooredoo等。其中，中国移动2024年将在超过300个国内城市启动全球规模最大的5G-A商用部署。同时，芬兰、德国、巴林、卡塔尔等国家地区的运营商均已开展5G-A相关技术验证。[3]

5G设备数量规模增长明显。据GSA统计，截至2024年3月，已发布2601款的5G设备，其中至少有2207款已经实现商用，年增长超过133%。2023年底5G智能手机已发布1362款，年增长52.4%。固定无线接入用户端5G设备增长了12.1%，5G模块增长达9.9%，5G工业路由器增长了9.1%；其他5G设备也有所增长，如热点、平板电脑等。

2. 全球5G用户数稳步增长

2023年，全球5G网络基站及用户数保持较高增量水平。根据TDIA（TD Industry Alliance，TD产业联盟）统计，截至2023年底，全球5G基站部署总量超过517万个，相较2022年的364万个，年度增长率达42%；年度新增5G基站153万个，其中中国新增106.5万个，占比全球新增的69.6%。与此同时，全球5G用户总数超过15.7亿，5G渗透率达到18.6%。中国是目前5G用户最多的国家，用户数量达8.05亿，占全球用户比例过半，中国已经成为全球5G市场发展的重要支撑。

---

1 全球移动供应商协会（Global mobile Suppliers Association，GSA）：5G Market Snapshot May 2024，2024年5月。
2 数据来源：全球移动通信系统协会（GSM Association，GSMA）。
3 数据来源：TD产业联盟（TD Industry Alliance，TDIA）。

全球5G覆盖率在数量和质量上均有所突破。中频段5G是度量5G覆盖质量的一大重要标准，该频段与低频段的频分双工（Frequency Division Duplex，FDD）5G载波结合使用时，能够实现全面的网络覆盖和良好的移动性。截至2023年底，全球5G覆盖率达到50%，其中中频段5G覆盖率达到45%。中国已实现95%的5G人口覆盖率，已经成为全球5G覆盖率最大的国家。北美和印度的5G覆盖率均达到了90%，其中印度中频段覆盖率为90%，北美为85%。欧洲预计2024年底5G的总人口覆盖率将达到70%，而中频段5G的覆盖率预计将仅为30%。[1]

3. 5G技术体系多样化发展

5G SA（Standalone，独立组网）和5G FWA（Fixed Wireless Access，固定无线接入）共同推动5G技术的普及和应用。5G SA作为一个完全独立的网络架构，为5G FWA提供了强大的技术基础，使其能够在传统有线网络难以覆盖的地区提供高速互联网服务。通过5G SA的高性能和低延迟特性，FWA能够提供更广泛的覆盖和更高的服务质量，从而加速宽带互联网的普及。此外，5G SA的高级网络功能还使FWA能够服务于特定的高需求应用场景，如企业级服务和远程医疗。

从组网模式看，5G SA目前发展势头强劲。截至2024年3月底，据GSA统计，全球58个国家和地区的124家运营商正在通过试验、计划或实际部署投资于公共5G SA网络，占所有投资5G的运营商总数的21%。其中已有29个国家和地区的49家运营商推出或部署了公共5G SA网络。此外，5G SA技术也在私人网络中积极探索应用，截至2024年1月，已有643个组织将5G网络用于专用移动网络试点或部署，包括制造商、学术组织、商业研究机构、建筑、通信和IT服务、铁路和航空组织等多个领域的组织机构。同时，支持5G SA的设备也在稳步增长。据GSA统计，截至2023年底，支持5G SA的设备数量已达到2130台，占所有5G设备的90.3%，较2022年同比增长35.7%。此外，已有93款调制解调器或移动处理器/平台芯片组声明支持5G SA，其中90款已经投入商用。

5G FWA发展空间大，欧洲FWA服务数量领先。据GSA统计，截至2023年10月底，全球共有187个国家/地区的554家运营商宣布了使用LTE或5G技术的

---

1 Ericsson：5G network coverage outlook，2024年5月。

FWA服务，其中来自175个国家和地区的477家运营商已经推出该服务。目前，基于LTE技术的FWA服务已在全球范围内可用，而基于5G技术的FWA服务仍有较大的发展空间。截至2023年10月底，在全球宣布5G启动或试运行的300家运营商中，152家正在推广住宅或商业5G FWA宽带服务。分地区看，欧洲和中东及非洲地区在LTE FWA服务数量方面领先（分别为135、135、70）；而5G服务的数量在各地区之间差异较大，欧洲的5G服务数量最多，为79，其次是中东（33）和非洲地区（23）。

4. 国际5G网络性能提升

全球网络性能提升，特别是5G下载速度显著增加。Speedtest Intelligence数据显示，2023年第三季度，全球5G下载速度中值大幅提升20%，达到203.04Mbps，而2022年第三季度为168.27Mbps。阿联酋和韩国在2023年的5G连接速度名列前茅，两国的全球5G下载速度中位数分别达到592.01Mbps和507.59Mbps。5G连接速度前10名还包括马来西亚、卡塔尔、巴西、多米尼加、科威特、中国澳门、新加坡和印度。其中马来西亚、多米尼加和印度整体发展较快，而保加利亚、沙特阿拉伯、新西兰和巴林则跌出了排名前10。

5G轻量化（Reduced Capability，Red Cap）投资规模有望继续扩大，以满足5G设备生态系统的扩展需求。根据爱立信移动市场报告，Red Cap及其后续技术的发展使得5G能够利用所有频段（低/中/高）的任何可用5G频谱。这种技术在数据速率、延迟、电池寿命和设备尺寸方面完全能够满足广泛的宽带物联网应用需求。引入的Red Cap设备，预计将通过其较低的成本、更小的尺寸和更长的电池寿命，相较于常规5G NR设备，进一步扩展5G设备生态系统。[1] 截至2024年4月，全球已有17家运营商在13个国家投资Red Cap技术，其中4家运营商已开始推出商业服务，包括科威特的STC和中国的三大运营商（中国联通、中国电信和中国移动）。大多数投资仍处于测试和试验阶段，另有10家运营商正在评估和测试5G Red Cap技术。从地区角度看，亚太地区尤其是中国，已见证了5G Red Cap技术的快速推广，中东地区也显示出潜力，当前持有全球41%的5G Red Cap投资金额，可能成为未来的焦点。[2]

1　数据来源：爱立信公司，《RedCap——为消费者和行业扩展5G设备生态系统》。
2　数据来源：全球移动供应商协会（Global mobile Suppliers Association，GSA）。

1.1.2 光纤与固定宽带总体增速快

1. 国际光纤网络综合发展的地区差距较大

光纤发展指数（Fiber Development Index，FDI）综合多个指标来量化各国光纤网络的发展水平，主要分为覆盖率、渗透率和体验三大类，每类占总权重的三分之一。该指数通过光纤到驻地（Fiber To The Premises，FTTP）覆盖率、波分复用（Wavelength Division Multiplexing，WDM）密度、光纤到户（Fiber To The Home，FTTH）渗透率、下载速度和上传速度等重要指标进行评估。因此，FDI能够全面展示光纤网络在覆盖范围、用户渗透和服务质量等方面的综合发展情况。

2023年FDI显示，不同国家在光纤网络建设方面差距仍然较大。从全局看，目前FDI指数测度的国家中只有三分之一达到了70%的FTTH覆盖率，其中只有卡塔尔、新加坡和韩国3个国家达到100%，中国、日本和阿联酋为99%。各国光纤建设之间的差距巨大，排名靠后的三分之一国家覆盖率低于25%，有18个国家覆盖率甚至低于10%。

而结合覆盖率、渗透率、宽带速率等因素综合来看，2023年新加坡位居FDI指数的首位，继续向千兆社会的目标迈进；阿联酋由于在FTTP覆盖率和渗透率以及宽带质量指标方面表现良好，位列第2；卡塔尔位列第3。尽管中国在FTTP覆盖率和所有光纤渗透指标中得分很高，但由于在中位下载速度、上传速度和延迟方面的得分低于其他领先国家，较去年下降了两个名次，位列第4。此外，罗马尼亚在欧洲国家中表现突出，排名第6位，西班牙和瑞典分别排在第11位和第12位；在北美地区，美国继续领先，排名第28位；智利则在拉丁美洲国家中领先，排名第9位；在非洲地区南非较为领先，排名第64位；对于网络发展较为落后的国家，坦桑尼亚、博茨瓦纳、突尼斯、阿尔及利亚、喀麦隆、黎巴嫩、埃塞俄比亚等国家的FDI指数得分仍低于10。[1]

2. 各国加速实施FTTH网络扩展计划

在2023年，全球范围内FTTH部署加速。北美地区实现了历史最高的年度

---

[1] Omdia：Fiber Development Index Analysis: 2023，2023年11月。

增长，美国FTTH家庭数量增至7800万，加拿大覆盖1120万家庭。[1]亚太地区，日本设定到2027年底实现99.9%的家庭覆盖率的目标，而中国已经实现超过94%的人口通过至少100Mbps的FTTH网络连接。欧盟在其"数字十年"计划下强调，到2030年为每个人建立千兆连接的目标。拉丁美洲国家，如巴西和智利，设定到2027年和2025年分别实现全国光纤回程和网络覆盖的目标。中东和北非地区，如阿联酋和卡塔尔已超过98%的FTTH覆盖率，而沙特阿拉伯设定至少70%的FTTH连接目标。非洲则通过"非洲数字经济（DE4A）"计划，设定到2030年实现每个企业、个人和政府的数字化连接，目标是全非洲人口以可负担价格获得至少6Mbps的宽带连接。[2]

3. 全球固定宽带用户数量增长速度放缓

全球固定宽带用户数量进入低速增长期。Point Topic数据显示，2023年第四季度全球固定宽带连接数达到14.3亿，季度增长率为0.96%，这是自2019年第四季度以来的最低增长水平。瑞典、瑞士、摩纳哥和意大利等国家由于进入市场高度饱和阶段，固定宽带用户数量的净增速有所放缓。部分国家净增份额稳步上升，例如由于德国、法国、英国等大市场的增长推动，欧洲其他地区的净增份额从3.45%上升至6%；受美国经济增长的影响，北美地区的净增量份额则从5.76%跃升至8.24%。[3]光纤宽带正在取代铜缆成为未来技术趋势。据Point Topic数据显示，2023年第三季度至第四季度，FTTH及FTTB（Fiber to the Building，光纤到楼）连接用户在固定宽带总用户中的份额上升了0.47%，达到69.45%。铜缆有线宽带等传统技术市场份额不断缩小，用户数下降了2.7%。

1.1.3 全球IPv6建设成果显著

2023年，全球IPv6的部署和用户数实现了显著增长。整体部署率达到36.5%，其中美洲和亚洲的部署率高达42%，大洋洲和欧洲也超过了30%。全球已有34个国家的综合部署率超过了40%，表现出较去年超过30%的增长。特别是在用户数方面，中国、印度、美国、巴西和日本位居全球前五，其中中国用

---

1 数据来源：光纤宽带协会（Fiber Broadband Association，FBA）。
2 数据来源：全球光纤到户联盟（FTTH Global Alliance，FCGA）。
3 Point Topic：Global broadband subscriber growth in Q4 2023 slowest since 2019，2024年4月。

户数量在一年内增加了4900万，IPv6在全球范围内正呈现出快速普及的趋势。

IPv6的能力率和支持能力也在不断提升。截至2023年10月，有34个地区的IPv6能力率突破了40%，比上一年增加了8个地区；45个地区的部署率超过了30%，增加了8个地区；63个地区的部署率超过了20%，增加了12个地区。在地区具体表现上，亚洲的南亚地区IPv6支持能力最高，达到66%；美洲的北美地区IPv6支持能力为53%，而欧洲的西欧地区则达到了61%。

从技术层面看，IPv6技术广泛应用于网络基础设施、网站、互联网应用和网络产品等。在网络基础设施方面，截至2023年10月，全球共有至少2605万个拥有AAAA记录的域名，占总域名量的9.4%，对比去年增加了0.9%，增加了3037851个。在网站方面，截止到2023年10月20日，全球所有网站中有22.2%的网站支持IPv6访问，比去年提高了0.7%。排名前100万的网站中有34.5%的网站支持IPv6访问，比去年提高了5.4%。在互联网应用方面，在下载量排名前十的移动应用中，有9款支持IPv6。在网络产品方面，截至2023年10月，全球已颁发3229个IPv6 Ready Phase-2 Logo认证，认证设备数量达到了6806款。截止到2023年10月1日，全球获得IPv6 Ready Logo国家中，中国获得数量1414个，获认证的设备数量2694个，为全球最多的国家；其次是美国、日本、韩国、印度等。在认证的设备类型中，路由器、交换机、办公终端设备、协议栈、操作系统、安全设备、家庭网关等类别的申请已超过100个，其中交换机Logo数量已超过550个，设备数量超过了2000个。[1]

1.1.4 天地一体化网络加速发展

1. 各国加速发展卫星互联网

全球卫星互联网技术正迅速发展，并对其供应链产业布局进行调整。2023年，美国SpaceX公司凭借"星链"（Starlink）系统提供了高速互联网服务，数据传输速度达到100Mbps至200Mbps，正在不断抢占全球卫星互联网市场。SpaceX在菲律宾推出了星链服务，使该国成为东南亚首个开通此服务的国家；同时，SpaceX还将其服务扩展到了非洲的尼日利亚、卢旺达、莫桑比克、肯尼亚、马拉维和赞比亚等国家，显著提升了这些国家的互联网覆盖率和质量。

---

[1] 数据来源：《2023全球IPv6支持度白皮书》。

此外，SpaceX与日本电信运营商KDDI达成了合作，计划在2024年提供卫星到蜂窝的短信、语音和数据服务。

英国的OneWeb公司自2014年成立以来，一直致力于构建低轨卫星星座，为偏远地区或互联网基础设施落后的地区提供互联网接入服务。2023年3月，OneWeb成功发射36颗卫星，标志着其初步完成了卫星互联网建设。紧接着，OneWeb在2023年5月开始向美国48个州提供服务。OneWeb的远期目标是在近地轨道上部署6372颗卫星，以实现覆盖全球范围的高质量互联网服务。

加拿大运营商Telesat也在推进其Light speed低轨卫星网络项目，旨在为企业、政府以及乡村与偏远社区提供卫星通信服务。2023年，Telesat与太空技术公司MDA签订了一项价值15.6亿美元的合同，计划制造198颗卫星，并预计在2026年年中启动第一次发射。该项目获得了加拿大联邦政府和省政府约20亿美元的资金支持。

2. 卫星导航系统整体市场正不断扩大

受公路、汽车、航空等领域影响，GNSS设备未来10年将稳健增长。EUSPA预计，GNSS设备的年度出货量预计从2023年的16亿台/年上升到2033年的22亿台/年。消费解决方案、旅游和健康领域占全球年出货量的90%，这主要归因于智能手机和可穿戴设备的大量销售。GNSS设备的总安装基数预计将从2023年的56亿台增长到2033年的近90亿台。与此同时，公路和汽车领域越来越多地采用车载系统并将其集成到新车出货量中，其在全球GNSS设备安装基数中的份额预计将从2023年的10%以上增长到2033年的15%以上。对于其他细分市场，航空和无人机将继续增长，从2023年的4400万台增至2033年的近5000万台。海运是2023年的第二大市场，其全球份额将从17%以上（相当于1300万台）下降到2033年的16%（1800万台）。到2033年，农业将占全球市场的20%，约为2300万台，高于2023年的不到700万台。值得一提的是，中国北斗卫星导航系统已形成面向全球的定位、导航、授时服务能力，国际影响力正不断提升。

1.2 算力基础设施规模快速增长

当前，世界算力基础设施规模快速增长，产业链结构逐步优化，技术应用趋势明显。数据中心市场规模不断扩大，应用广泛多元化，欧美发达国家数据中心建设领先。云计算方面，全球基础设施即服务（IaaS）平稳发展，各大公司投资加码。边缘计算技术不断发展，行业应用逐步深入，相关专利申请数量走高。

1.2.1 全球数据中心规模不断扩大

1. 数据中心市场不断扩大

随着人工智能大模型技术的快速发展，全球数据中心加速发展，规模不断扩大。据Statista数据显示，2024年全球数据中心市场的收入预计将达到3402亿美元。美国数据中心总规模全球第一，截至2024年3月，美国国内的数据中心数量约5381个，预计2024年数据中心市场收入将达到991.6亿美元。[1] 中国算力总规模处于世界第二，2023年中国在用数据中心标准机架超过810万架，算力总规模达到230EFLOPS。

2. 超大规模数据中心数量迅速增长

随着各行各业数字化转型发展加速，对数据中心的需求不断增加，叠加生成式人工智能技术快速发展，促进了数据中心向超大规模化发展。据Synergy Research Group的数据显示，截止到2023年底，全球超大规模数据中心数量增加到992个，并在2024年初突破1000个。全球超大规模数据中心的总容量在4年时间里翻了一倍。以数据中心关键负载的兆瓦数衡量，美国超大规模数据中心容量占全球总容量的51%。美国企业亚马逊、微软和谷歌合计占所有超大规模数据中心容量的60%，这三家公司除了在美国本土市场拥有庞大的数据中心外，还在全球许多国家拥有多个数据中心；随后是Meta、阿里巴巴、腾讯、苹果、字节跳动以及其他规模相对较小的超大规模运营商。

3. 数据中心加速向绿色化发展

随着数据中心的规模持续扩大，整体能源消耗也在逐年攀升。2023年能源价格的飙升对数据中心的运营产生了明显影响，2023年全球电价中位数比2021年高出约16%。为了应对越来越高的能源消耗问题，各运营商也在积极推动数据中心向绿色化发展。一方面采用如液冷技术等更为高效的冷却解决方案，旨

---

[1] Statista Market Insights："Data Center—Worldwide"，https://www.statista.com/outlook/tmo/data-center/worldwide，访问时间：2024年7月15日。

在尽可能减少能源消耗；另一方面加大对太阳能、风能等可再生能源的使用，以推动行业的绿色转型。2024年7月，美国亚马逊公司发布《亚马逊2023年度可持续发展报告》，宣布在2023年实现了数据中心的碳中和，即亚马逊全球运营所使用的电能实现100%可再生能源匹配。

1.2.2 云计算市场头部效应明显

1. 云计算市场持续增长

全球云计算市场持续扩大且未来预计依旧保持增长。据IDC数据，2023年全球公共云服务市场的收入总额为6692亿美元，比2022年增长19.9%。2023年公共云服务收入的最大来源是软件即服务（SaaS），占市场总额的近45%；基础设施即服务（IaaS）是第二大收入类别，占总收入的19.9%；平台即服务（PaaS）和软件即服务-系统基础设施软件（SaaS-SIS）分别占总收入的18.4%和17.0%。PaaS和SaaS-SIS是收入同比增长最快的分支。IDC预测，2024年全球公共云服务收入将超过8000亿美元，比2023年增长20.5%。

从地域上看，云市场在全球所有地区继续强劲增长。据Synergy研究数据，2024年第一季度，美国云计算市场实现20%的增长，仍然是迄今为止最大的云计算市场，整体规模超过了整个亚太地区。而亚太地区的增长速度最为强劲，印度、日本、澳大利亚和韩国的年增长率均在25%以上。

2. 云计算市场整体格局保持不变

2023年全球云计算市场格局总体保持不变，依旧由亚马逊、微软、谷歌三家领跑，头部效应明显。据Synergy发布数据显示，亚马逊凭借其持续的技术创新及市场的广泛布局，在云计算市场领导地位稳固，以31%的市场份额排名第一。微软azure结合其软件优势，在企业级服务和混合云解决方案方面持续发力，以24%的市场份额排名第二。Google云则凭借其强大的数据分析和人工智能能力，以11%的市场份额排名第三。阿里云以4%排名第四，Salesforce以3%排名第五，腾讯云和IBM、甲骨文以2%并列第六。

亚马逊连续多年保持全球最大的云计算服务商，提供包括计算、存储、数据库、机器学习、分析等在内的全面云服务。根据亚马逊财报显示，2023年亚马逊云计算业务同比增长超10%，2023年全年营收为907.57亿美元，大幅高于

2022年的800.96亿美元,从2023年第二季度开始,实现了连续3个季度环比增长。2024年5月,亚马逊公司宣布计划在德国投资78亿欧元建设云计算基础设施,并计划在2025年底前在德国勃兰登堡州启动多个数据中心。此外,亚马逊也在日本和新加坡等亚太地区持续加大对云计算基础设施的投资。

1.2.3 边缘计算发挥作用愈发凸显

边缘计算可以获得更高的性能、更少的延迟和更低的成本,在计算网络中扮演的角色越来越重要。据IDC数据,2023年全球边缘计算支出超1900亿美元,预计2024年全球边缘计算支出将达到2320亿美元,比2023年增长15.4%。从地域的角度来看,北美是全球边缘计算支出的领导者,占全球总份额的40%以上,其次是西欧和中国。

在服务提供商行业,对边缘服务交付的投资建立在多接入边缘计算(MEC)、内容交付网络和虚拟网络功能的基础设施支出上。这三个用例加起来占2023年所有边缘支出的近22%。

在企业终端用户行业中,离散和流程制造的规模将占今年边缘解决方案投资的最大部分,其次是零售和专业服务行业。服务提供商细分市场的复合年均增长率达19.1%。

边缘计算最大的投资份额继续由硬件主导,占总支出的近40%,用于构建边缘功能,特别是由服务提供商基础设施驱动的功能。硬件支出受边缘网关、服务器和网络设备投资的推动。

1.3 应用基础设施进程加快

近年来,世界应用基础设施发展态势呈现出强劲的增长势头和深刻的技术变革,全球物联网、工业互联网和车联网市场都展现出显著的增长趋势,推动了智能制造和智能网联汽车的发展。物联网技术的普及和设备智能化的发展,使物联网连接设备数量快速增长,并广泛应用于可穿戴设备、智能家居、智能城市等多个领域。工业互联网利用智能传感器和执行器,显著提高制造和工业流程的效率和可靠性,预计未来市场规模将持续扩展。车联网渗透率不断提升,整体市场也在快速发展,具备巨大的市场潜力和商业价值。

1.3.1 物联网建设取得显著进展

1. 物联网产业规模不断扩大

物联网技术的应用日益广泛，其连接性和实时数据收集能力不断提高。技术进步和组件成本下降推动了物联网端点在各行业的大规模部署，尤其是在家庭自动化和智能农业等领域。而5G网络的商业化提升了连接性，推动了蜂窝物联网模块的发展，尤其是在智能网联汽车、可穿戴设备等领域。据Statista数据显示，2023年全球物联网连接设备数量达到了151.4亿，预计到2024年将达到170.8亿。而据IDC研究数据，2023年全球物联网支出预计将达到8057亿美元，其中全球物联网市场规模最大的是离散制造业和流程制造业[1]，电动汽车充电、农业现场监测和联网自动售货机等应用场景增长最快。

2. 物联网连接技术多条技术路线并行发展

全球物联网连接技术主要由Wi-Fi、蓝牙和蜂窝物联网技术主导，占近80%的市场份额。Wi-Fi占所有物联网连接的31%，Wi-Fi技术在智能家居、建筑和医疗保健领域引领物联网连接，使物联网设备之间的通信更加高效，从而改善了用户体验和整体性能。蓝牙尤其是低功耗蓝牙（BLE）在智能家居传感器和资产跟踪设备中广泛应用，工业领域也开始对"IO-Link"无线技术表现出越来越浓厚的兴趣。蜂窝物联网（2G、3G、4G、5G、LTE-M和NB-IoT）占全球物联网连接的近20%，连接增长显著，LTE-M、NB-IoT等新技术被不断采用。2023年，前五大网络运营商，包括中国移动、中国电信、中国联通、沃达丰和AT&T，管理着全球84%的蜂窝物联网连接。蜂窝5G物联网连接预计在未来5年保持87%的复合年均增长率，LPWA连接为27%，WLAN和WPAN连接技术则超过15%。

1.3.2 工业互联网步入快速增长轨道

工业互联网市场稳步扩大。据Statista数据显示，全球工业互联网市场不断增加，全球市场规模从2022年的544亿美元增长到2023年的686亿美元，并在未来将蓬勃增长，预计2024年能增长到超800亿美元。中国是目前工业互联网发展最快的国家之一，凭借5G网络基础设施的建设，截至2023年底中国5G+

---

[1] 国际数据公司（IDC）：《全球物联网支出指南》，2023年7月。

工业互联网已覆盖41个国民经济大类。

在工业物联网建设方式方面，据IoT Analytics基于300家全球工业互联网企业的调研数据，47%的企业选择自建，38%的企业选择外购并整合，仅有14%的企业选择外购。

1.3.3 车联网渗透率不断提升

1. 需求推动发展，车联网市场规模不断扩大

全球车联网市场正经历快速扩展，推动智能网联汽车的发展，并显现出巨大的商业价值。随着5G网络的发展，处理器密集型任务，例如路况观察和图像处理，可以转移到云端，增强了处理能力并提高了运营效率，从而满足未来移动需求。而物联网（IoT）的进步是车联网（IoV）发展的主要驱动力，随着计算和通信技术的快速发展，车联网使得汽车能够与其他车辆、路边单元（RSU）、行人手持设备和公共网络高效、安全地进行信息交换。车联网通过车对路（V2R）、车对车（V2V）、车对传感器（V2S）和车对人（V2H）的互联互通，提升了车辆的互联程度，增强了驾驶体验，使得自动驾驶汽车的实现成为可能。此外，车联网还促进了社交车联网（SIoV）的创建，利用传感器、GPS、刹车和信息娱乐系统等电子设备，实现当代城市基础设施中的信息收集和安全通信。

对车辆远程信息处理的高需求也推动了车联网的市场增长。车辆远程信息处理是一种与最新车型集成的车载通信系统，允许车辆共享与部件健康、功能障碍、预测性维护等相关的数据。将远程信息处理设备与车辆集成，使用户和OEM能够访问各种分析和车辆洞察，以改善驾驶体验并简化车辆维护操作。此外，远程信息处理还能够实现车辆从不同来源接收数据，并在其主机显示屏上向用户显示。车辆远程信息处理技术的不断进步也有望促进车联网网络的发展。

车联网市场在未来几年将继续快速扩展，推动智能网联汽车的发展，并在全球范围内显现出巨大的市场潜力和商业价值。据Fortune Business Insights统计，2023年，车联网市场的全球规模为1452.4亿美元。据Statista预测，2024年，全球汽车物联网市场收入将达到4942亿美元，并在2024年至2028年间以15.58%的复合年均增长率增长，到2028年市场规模将达到8820亿美元。中国预计将在2024年创造2055亿美元的收入，在汽车物联网市场领域独占龙头。同

时，德国凭借其先进的制造能力和强大的汽车工业，成为开发联网汽车技术的领导者。在市场份额方面，据Precedence Research数据显示，北美、欧洲和亚太地区的车联网市场份额较大，分别占据42.64%、28.13%、22.18%，而南美、中东和非洲的车联网市场份额较低。

2. 世界主要国家和地区抢占车联网发展制高点，规模化部署计划启动

随着自动驾驶商用受到普遍重视，网联通信技术应用不断加速，世界主要国家和地区均推出政策加速车联网部署计划。2023年，美国交通部发布《无人驾驶汽车乘客保护规定》政策文件，明确无人驾驶汽车配置要求；2023年10月，美国交通部发布加速车联网部署计划草案，提出2024年至2034年期间将推动6家车企、20款量产车型搭载5.9 GHz C-V2X通信技术，支持网联驾驶安全类应用。欧盟在小批量自动驾驶车辆型式认证法规基础上，持续开展无限制批量的车辆型式认证，在完善自动驾驶商用配套举措的同时，德国、法国、意大利、奥地利等多国开展了5G/C-V2X网联通信技术验证示范，推动网联自动驾驶汽车产业化。日本和韩国政府也分别推出相关政策法规明确自动驾驶发展计划，网联通信技术将纳入新车评价规定。[1]

车联网新型基础设施的重要性和赋能价值凸显，得到全球普遍关注，各国规模化部署计划启动。2023年4月，美国智能交通系统生态的十大组织向美国交通部提出了在全国范围内部署车联网的计划，拟在10年内实现美国跨地域的车联网一致服务。欧洲先后在"地平线2020""地平线欧洲"等科技政策框架下设立近百个专项开展面向网联自动驾驶的无线通信、信息基础设施等关键技术研发及应用示范，促进自动驾驶出行服务实现大规模部署。此外，网联、协作和自动驾驶伙伴关系发布战略研究与创新议程，制定了网联、协作和自动驾驶推进计划分三个阶段在法国、德国、意大利等国建设大规模示范应用项目并将连通各地开展综合大规模应用示范。日本和韩国也面向自动驾驶和交通系统能力升级，积极部署路侧基础设施。[2]

---

[1] 中国信息通信研究院：《车联网白皮书（2023年）》，2023年12月。
[2] 中国信息通信研究院：《车联网白皮书（2023年）》，2023年12月。

第2章

世界信息技术发展

随着全球科技革命和产业变革的加速推进，信息技术领域持续展现出蓬勃发展的态势，各项技术均取得了显著进步。当前，信息技术发展呈现出多元化、融合化的趋势，各种新技术不断涌现并相互促进。这些技术的进步不仅推动了科技创新和产业升级，也为全球经济社会发展注入了新的动力。

在集成电路技术领域，芯片制造技术持续向前迈进，封装技术的优化进一步提高了芯片的集成度和性能。新型半导体材料的研发取得重要突破，为未来的技术发展奠定了坚实基础。在高性能计算方面，超级计算机的性能不断提升，云计算和边缘计算等新兴计算模式蓬勃发展，为高性能计算创新发展提供了强大的动力。

人工智能技术发展迎来突破性变革，以大模型技术为代表的生成式人工智能引领技术革新，显著提升了自然语言处理和多模态任务的能力，推动人工智能在各行各业中的广泛应用。随着区块链技术的不断成熟和应用场景的拓展，在金融、供应链管理、版权保护等领域的应用逐渐落地。量子计算进入样机研发攻关阶段，量子通信商业化进程加速，量子测量技术逐步实用化。6G技术正在从技术标准制定、产业推进和应用培育的研究阶段向应用领域加速迈进，有望在未来几年具备商用能力。

2.1 基础技术

集成电路芯片制造工艺正稳步演进，封装技术不断精进，芯片性能显著增强，新型半导体材料取得了关键性进展。在高性能计算领域，超级计算机的运算能力屡创新高，云计算、边缘计算等新型计算范式的兴起，正以迅猛之势革新着计算架构，为高性能计算的未来创新注入澎湃活力。操作系统生态格局基本保持稳定，开源操作系统的影响力正在不断提高。

2.1.1 集成电路技术持续迭代演进

集成电路是信息社会的基石，是支撑现代经济社会发展的战略性、基础性和先导性产业，是当前国际经济和科技竞争的焦点领域，全球各主要经济体均对以集成电路技术为基础的科技创新高度关注。当前，全球集成电路产业发展进入加速创新、多技术融合的新时期，人工智能等新技术正不断推动和加快集成电路产业创新变革，全球产业链供应链体系面临重塑。

1. 芯片产品

（1）计算芯片

根据产品类别，计算芯片一般可分为通用芯片和专用芯片，主要包括中央处理器（CPU）、图形处理器（GPU）、现场可编程逻辑门阵列（FPGA）、专用集成电路（ASIC）等。随着并行计算和人工智能等方面的需求不断增加，GPU逐渐分化为传统图形处理器（GPU）、通用图形处理器（GPGPU）、领域专用架构芯片（DSA）三种类型。整体来看，计算芯片技术难度大、专利壁垒高，是信息技术领域中技术难度最高、对应用环境和生态体系要求最高的产品领域。

CPU芯片方面，2023年全球市场规模为575.7亿美元，同比下滑11.2%。[1] X86架构CPU在桌面计算机、超级计算机/服务器市场处于绝对垄断地位，英特尔和AMD占据90%以上的市场份额。英特尔于2023年推出14代酷睿Ultra处理器，其桌面Meteor Lake芯片采用Intel4（7nm）工艺、Foveros 3D封装技术和Alchemist架构的GPU核，而英特尔下一代处理器芯片Lunar Lake将于2024年9月左右上市。服务器CPU方面，英特尔第五代至强（Xeon）延续了上代的Intel7制造工艺、Raptor CoveP-Cove架构、LGA 4677封装接口，并通过优化布局设计和核心规格，使平均性能提升21%、每瓦平均性能提升36%、总拥有成本（TCO）降低77%。AMD于2022年11月推出第四代EPYC（霄龙）处理器9004系列处理器，通过Chiplet技术，其核心采用台积电5nm工艺、I/ODie采用6nm工艺，搭载2022年下半年推出的Zen4架构，而基于Zen5架构的第五代EPYC处理器"Turin"将于2024年下半年上市。苹果在2023年10月正式发布M3、M3Pro、M3Max芯片，是首款采用3nm工艺技术的PC芯片，除了使用3nm工艺外，M3系列芯片还更新了其GPU架构，可支持光线追踪等功能。

GPU芯片方面，2023年全球GPU市场规模达237.6亿美元，较2022年增长58.3%，其中大部分被英伟达（89.6%）、AMD（8.3%）等公司垄断。目前最先进的GPU产品均使用5nm及以下先进工艺制程。英伟达在人工智能领域凭借

---

[1] 高德纳（Gartner）：Marker Share: Semiconductors by End Market, Worldwide, 2023，2024年4月。

GPU芯片占据市场垄断地位，并开始利用其在GPU领域的优势向机器人等领域拓展，借助软件开发框架CUDA平台打造了严密的软硬件生态体系。2023年11月，英伟达在其2023年全球超算大会（SC2023）发布最新的AI芯片H200，与H100芯片同样采用Hopper架构，并使用HBM3e高带宽内存，更好满足生成式AI应用对计算性能的高要求。AMD在2023年初发布InstinctMI300系列GPU芯片，年底发布MI300X和MI300A两款新型GPU，两款芯片均采用3.5D封装、HBM3等，性能对标英伟达A100芯片。

FPGA芯片方面，2023年全球FPGA/PLD芯片市场规模为85.09亿美元，同比上涨1.9%。2023年全球市场被AMD（54.00%）、英特尔（26.64%）、Lattice（8.12%）和Microchip（5.64%）等企业所垄断。AMD于2022年2月完成对当时全球第一大FPGA公司赛灵思的收购，于2024年3月发布全新的FPGA产品"Spartan Ultra Scale+"，是AMD首款搭载硬化LPDDR5内存控制器的FPGA产品。英特尔于2015年6月收购当时全球第二大FPGA公司Altera，2024年3月英特尔决定将旗下FPGA业务独立运营且再次选择以Altera命名；随后英特尔及其子公司Altera在嵌入式展（Embedded World）上宣布推出一系列全新的边缘优化处理器、FPGA以及市场就绪的可编程解决方案。

ASIC芯片方面，2023年全球市场规模492.89亿美元，较2022年增长0.4%。这类芯片主要指通过ASIC路线设计的专用芯片，多应用在人工智能等领域，其中最有代表性的就是谷歌的TPU芯片。TPU是谷歌专门为机器学习（ML）/深度学习（DL）设计的专用AI加速芯片，最早发布于2016年。谷歌在2023年先后推出TPU v5e及TPU v5p两款芯片，其中TPU v5e芯片可为大语言模型和生成式AI模型提供相较于TPU v4芯片高达2倍的训练性能和2.5倍的推理性能；TPU v5p芯片则是谷歌目前功能最强大、可扩展性最强、灵活性最高的AI芯片，训练大型LLM模型的速度较TPU v5e有近50%的提升。

人工智能相关的半导体市场在未来5年将保持持续增长，人工智能的发展将拉动对CPU、GPU、FPGA和ASIC等芯片的需求。异构计算、存算一体等硬件架构创新有望实现芯片计算性能和效率的持续提升。

（2）存储芯片

存储芯片具有技术门槛高、资本投入大等特点，是最为体现集成电路先进制造工艺和规模经济效应的产品。2023年全球存储器市场规模918.91亿美元，由于价格波动，市场规模较2022年下滑35.8%。DRAM与NAND Flash是存储芯片产业的主要构成部分，占整个存储器产业市场规模的90%以上。2023年，前五大存储芯片企业三星（35.58%）、海力士（24.11%）、美光（17.52%）、铠侠（6.28%）、西部数据（5.65%）垄断总市场份额的90%左右。2023年DRAM市场规模498.67亿美元，同比下降36.5%；NAND市场规模370.84亿美元，同比下降35.9%。

DRAM方面，三星、SK海力士、美光均已开始逐步进入1β（10nm—12nm）工艺，产品重点则转向HBM、DDR5和低功耗LPDDR5等产品。3D堆叠技术也开始被应用在DRAM中，以进一步提升内存带宽。三星于2023年1月开始量产基于极紫外光（EUV）技术的14nm工艺DDR5，内存传输速度达到DDR4的两倍多，DDR6产品计划于2026年推出。SK海力士于2023年1月将基于1α工艺的DDR5服务器DRAM应用到英特尔至强系列处理器；于2023年5月完成1β工艺技术研发，采用HKMG工艺，在提高内存速度的同时可降低功耗；2024年正大幅扩产其第5代1b DRAM以应对全球HBM内存市场紧缺态势。美光于2022年11月完成1β工艺研发，2023年开始正式投入量产，计划于2025年量产采用EUV设备的1γ工艺。

NAND Flash方面，在进入3D堆叠后更新换代加快，容量增长迅速，三星、SK海力士、美光均已将层数推进到23X层，并积极研发300+层NAND闪存。三星在2022年11月宣布量产采用第8代V-NAND技术的236层3D NAND芯片，计划到2030年开发1000层V-NAND。SK海力士2023年完成238层NAND芯片量产，同年8月在"2023闪存峰会"上公布321层1Tb TLC（Triple Level Cell）4D NAND闪存的开发样品，计划于2025年量产。美光于2022年7月实现232层3D NAND芯片的量产，目前正重点研发QLC（4bits/cell）NAND芯片，以提供更高的存储密度和读写性能，预计2024年发布。此外，铠侠与西部数据在2023年也完成200层以上NAND技术的研发。

2. 工艺及产业链配套

（1）制造工艺

集成电路产业仍沿着摩尔定律不断推进，在关键尺寸持续缩小的过程中，新的器件结构（如GAA有望取代Fin FET）、光刻设备（从DUV转至EUV）等推动工艺节点继续向更小尺寸发展。同时，随着先进制造生产线资金投入大幅攀升，工艺成本的增加使得先进工艺企业数量迅速减少。在2nm以下的先进工艺开发中，台积电正处在领先位置，三星和英特尔也在积极布局。

台积电于2022年实现第一代3nm工艺N3B量产，但受限于良率等因素，仅有苹果A17 Pro等少数产品使用该工艺；第二代3nm工艺N3E已于2023年第四季度开始量产，通过减少光罩层数降低成本、提升产量和良率，后续还计划推出第三代工艺N3P和N3X，AMD、英伟达、高通、博通、联发科等公司均计划采用后续节点。此外，台积电仍在不断优化其他节点的工艺技术，包括面向HPC应用的N4X节点、面向射频应用的N4PRF节点以及面向车用的N5A节点等。三星的3nm GAA工艺自2022年6月宣布量产以来产能良率一直不及预期，导致其Exynos 2500芯片无法如期供应给三星Galaxy S25系列手机。英特尔按照其"四年五个制程节点"计划，Intel 7作为第五代英特尔至强可扩展处理器的主要工艺，Intel 4作为英特尔酷睿Ultra处理器的主要工艺，2024年6月宣布其Intel 3如期大规模量产首发用于代号Sierra Forest的英特尔至强6能效核处理器；Intel 20A计划于2024年下半年量产发布，首发应用于Arrow Lake消费级处理器；Intel 18A将于2025年随着Clearwater Forest服务器处理器和Panther Lake消费级处理器开始生产，并向代工客户大规模开放。

（2）封装测试

随着高性能计算、人工智能等应用的快速发展，先进封装技术如2.5D、3D、Hybrid Bonding等将持续成为行业关注的焦点。根据Yole数据，2023年全球封测市场规模（OSAT委外封测代工）达857亿美元，同比增长5%，其中先进封装占比48.8%。

2023年，Chiplet、先进封装等技术发展迅速，AMD、英特尔、台积电、英伟达等国际巨头纷纷进军这一领域。由于英伟达、AMD等龙头企业AI芯片热销，先进封装产能更是供不应求。随着人工智能、大数据、云计算等新兴产业的兴起，存储与计算一体化的架构模式成为市场的关键需求，Chiplet成为企业竞逐的焦点。封装企业在以往变革的技术基础上更注重先进封装的业务整合，AI技术增量明显，互联技术成为竞争的焦点。此外，高端封装技术主要包括：

超高密度扇出封装、2.5Dinterposer、3D stacked memories、Embedded Sibridge 和Hybrid bonding，其关键技术基本掌握在世界头部封测企业（OSAT）、先进的晶圆代工厂和IDM企业手中，如日月光、安靠、台积电、三星和英特尔等。台积电从扇出整合封装（InFO）到2.5D硅转换层CoWoS技术到3DSoIC，在先进封装领域已成为领导者，并将持续扩展由三维3DSoIC及先进封装技术组成的3DFabric。台积电采用重布线层的CoWoS-R技术、整合多个同质芯片的InFO_oS（整合型扇出暨封装基板）、面向可穿戴设备的InFO_M_PoP（多芯片整合型扇出封装）也均在2023年量产。日月光具备较为完善的先进封装工具箱，凭借其技术优势和矽品公司的CoWoS先进封装产能展现出较强实力，在AI相关技术方面也加速布局。

（3）设备和材料

全球集成电路设备的技术创新和发展，主要是随着摩尔定律演进，与先进工艺的发展保持并行推进。晶体管特征尺寸的缩小和密度的提升一直是集成电路研发的重点，与之对应的光刻、刻蚀、离子注入、沉积等相关关键工艺所需设备的发展也至关重要。

设备方面，根据SEMI数据，2023年全球半导体设备全年销售额为1000亿美元，比2022年同比减少6.1%，其中晶圆制造类设备销售额为906亿美元，同比下滑3.7%。光刻技术领域，荷兰ASML公司持续垄断高端光刻机市场，于2023年12月向英特尔供应全球首台HighNA（高数值孔径）EUV光刻机（该设备是2nm及以下工艺制程的关键设备）。

材料方面，根据SEMI数据，2023年全球半导体材料市场规模为667亿美元，同比下降4.7%。其中，晶圆制造材料销售额为415亿美元，同比下降7%；封装材料销售额为252亿美元，同比下降10.1%。半导体制造材料中，硅片市场规模占比最大，为31.2%，光刻胶及其配套试剂、光掩模版分别占比13.6%、12.3%。日本信越化学、日本Sumco、中国台湾环球晶圆、德国Siltronic、韩国SK Siltron垄断主要硅片市场；光刻胶主要被日本JSR、日本信越化学、日本Fujimi、日本东京应化、美国陶氏杜邦等企业垄断；光掩模版主要由美国Photonics、日本Toppan、日本DNP等垄断。

2.1.2 高性能计算向超智融合发展

2024年5月，在德国举行的2024年国际超级计算大会（ISC24）上公布了第63期全球超级计算机Top500排行榜。相较于上届榜单，前5名系统的排位虽然未发生变化，但是有2台系统的持续运算速度出现了提升，而第6—10名系统的排位发生了一定的变化。

根据最新公布的榜单，美国橡树岭国家实验室（ORNL）和AMD合作的"前沿"（Frontier）系统依旧排名第一，运行团队对系统做了持续优化，其持续运算速度有了少许提升，从上届榜单1.194EFlops提升至本届榜单的1.206EFlops，是一台货真价实的百亿亿次级计算机。该系统采用了HPE Cray EX235a的架构，采用了2GHz AMD EPYC 64C CPU（注：64C代表64Cores，即64核，下同）和AMD Instinct 250X GPU，共有8699904个CPU和GPU核心，并借助于Slingshot-11网络进行数据传输。Frontier系统还具有高达52.59GFlops/W的额定能效。

美国阿贡国家实验室（ANL）的"曙光女神"（Aurora）系统虽仍排名第二，但完成了全部节点的安装，这使得其理论运算速度实现了大幅提升，从上届的1.06EFlops达到了1.98EFlops，性能几乎翻了一倍。Aurora基于HPE Cray EX网络，共拥有21248个Intel Xeon Max系列CPU、63744个Intel Max系列GPU以及20.42PB内存。而它的持续运算速度也达到了1.012EFlops，成为榜单上第2台正式达到百亿亿次级的计算机。至此，世界上已公布的2台百亿亿次级计算机均安装于美国的国家实验室。

微软的Eagle以0.5612EFlops的持续运算速度排名第三。该超算安装在微软Azure云平台上，是TOP500超算榜单中排名最高的云超算系统。这台系统的强大性能源于英特尔Xeon Platinum 8480C处理器和英伟达（NVIDIA）H100 GPU加速器的结合。

日本理化学研究所的"富岳"（Fugaku）排名第四。该系统安装在日本神户的理研计算科学研究中心（R-CCS），采用了2.2GHz Fujitsu A64FX 48C处理器，Tofu interconnect D互联，共计拥有7630848个计算核心，是美国以外排名最高的超级计算机。

安装在芬兰CSC EuroHPC中心的LUMI排名第五，其持续运算速度为0.3797EFlops，也是欧洲最强的超级计算机。它基于HPE Cray EX235a系统，采用了AMD第三代EPYC 64C 2GHz处理器、AMD Instinct MI250X加速器以及Slingshot-11网络。

安装于瑞士国家超级计算中心（CSCS）的Alps系统以0.27EFlop/s的持续运算速度名列第六，成为最新公布榜单前十名中唯一的"新面孔"。它基于HPE Cray 254n系统构建，采用了3.1GHz NVIDIA Grace 72C处理器，NVIDIA GH200超级芯片和Slingshot-11网络互联。

位于意大利博洛尼亚的EuroHPC/CINECA的"莱昂纳多"（Leonardo）系统以0.2412EFlops的持续运算速度排名第七。该系统基于Atos BullSequana XH2000系统，由英特尔Xeon Platinum CPU和NVIDIA A100加速器提供强大的计算能力，还采用了四轨的NVIDIA HDR100 Infiniband网络。

西班牙EuroHPC/巴塞罗那超级计算中心的MareNostrum 5 ACC以0.1753EFlops的持续运算速度排名第八。该超算系统，基于BullSequana XH3000系统，采用了英特尔Xeon Platinum 8460Y处理器、NVIDIA H100加速器以及Infiniband NDR200网络连接技术。

IBM公司在美国橡树岭国家实验室建造的超级计算机Summit排名第九。该系统拥有4356个节点，每个节点配备了两个22核的3.07GHz IBM POWER9 CPU和六个NVIDIA Tesla V100 GPU，每个GPU上则集成了80个流式处理器（SM）。

Eos以0.1214EFlops的HPL性能排名第十。该超算是英伟达内部使用的DGX SuperPOD，由Xeon Platinum 8480C 56C 3.8GHz，NVIDIA H100加速器共同驱动，还采用了英伟达Infiniband NDR 400G内部互联网。本期榜单前10名具体情况见表2-1。

最新公布的TOP500榜单的系统总算力为8.2EFlops，入围TOP500榜单的最小系统算力为2.14PFlops（注：1EFlops =1000PFlops =1018Flops）。在最新的TOP500榜单中，美国是拥有超级计算机数量最多的国家，其总数达到了168台，而中国则从104台减少到了80台。TOP500组织表示，"事实上，中国在这份新名单上并未报告任何新加入的超级计算机"。

从大的区域变化来看，北美地区从上一份榜单的160台增加到171台，保持了领先地位。欧洲地区的上榜超级计算机系统的数量实现了显著增长,从143台增加到160台,成为全球第二大超级计算机分布区域。而亚洲地区则出现了明显的下滑,从169台减少到148台。

排名前十的超级计算机中,除了排名第四的"富岳"(Fugaku)超级计算机,其余系统均采用了"通用处理器+图形处理器"(CPU+GPU)的架构。图形处理器为人工智能计算提供了强大算力,使得超智融合的应用性能被充分地发挥出来。

表2-1 全球超级计算机TOP10

序号	系统	所属国	核心数	运算性能（PFlop/s）	峰值性能（PFlop/s）	功耗（千瓦）
1	Frontier	美国	8699904	1206.00	1714.81	22786
2	Aurora	美国	9264128	1012.00	1980.01	38698
3	Eagle	美国	2073600	561.20	868.84	
4	Fugaku	日本	7630848	442.01	537.21	29899
5	LUMI	芬兰	2752704	379.70	531.51	7107
6	Alps	瑞士	1305600	270.00	353.75	5194
7	Leonardo	意大利	1824768	241.20	306.31	7494
8	MareNostrum 5 ACC	西班牙	663040	175.30	249.44	4159
9	Summit	美国	2414592	148.60	200.79	10096
10	Eos NVIDIA DGX SuperPOD	美国	485888	121.40	188.65	

数据来源：http://www.top500.org

2.1.3 操作系统发展稳中有变

全球操作系统市场在过去一年中继续呈现五大主流系统主导的局面,即谷歌的安卓(Android)、微软的视窗(Windows)、苹果的iOS和MacOS,以及Linux。这五大操作系统依然占据全球操作系统95%以上的市场份额,但各自的市场份额和发展趋势有所变化。

1. 开源操作系统在桌面操作系统中逐渐兴起

Windows在桌面操作系统市场仍然占据主导地位，但其市场份额持续下滑。根据爱尔兰"数据计算器"公司（Statcounter）的数据，截至2024年6月，Windows占桌面端操作系统市场的份额已降至约65%，相较于2023年6月的68.15%有所减少。而MacOS系统则继续保持市场份额的提升趋势，占据约23%的市场份额，较2023年6月的21.38%有所增长。Linux系统市场份额也略有提升，保持在3%以上。

近年来，随着开源文化的兴起和Linux系统在桌面领域的不断优化，越来越多的用户开始尝试使用Linux系统。同时，一些知名的Linux发行版如Ubuntu等，也在不断推动Linux在桌面领域的应用和普及。

2. 华为的鸿蒙操作系统取得了显著进展

在手机操作系统市场，安卓和iOS依然占据主导地位。根据"对比法"技术市场研究公司（Counterpoint Research）的数据，截至2024年第一季度，安卓占据全球手机操作系统市场约77%的份额，而iOS占据约21%的份额。尽管安卓的市场份额略有下降，但依然是全球智能手机市场的主流操作系统。

华为的鸿蒙操作系统（HarmonyOS）在过去一年中取得了显著进展。鸿蒙系统不仅在手机领域得到了广泛应用，还在智能家居、可穿戴设备等领域获得了认可。根据统计数据，截至2024年第一季度，鸿蒙系统在全球市场的占有率已提升至约3%，显示出其强大的竞争力和发展潜力。

3. 服务器操作系统不断优化升级

在服务器操作系统市场，Linux和Windows依然是最主要的两大系统。Linux系统以其开源免费的属性在服务器领域得到广泛应用，其部署率超过60%，与Windows的部署率差距进一步拉大。在付费服务器操作系统市场中，微软Windows部署率超过60%，占比最大；而红帽（Red Hat）作为Linux系统的重要提供商之一，其市场份额也保持稳定增长。

随着云计算和大数据技术的不断发展，服务器操作系统在云计算和数据中心领域的应用越来越广泛。为了应对这一趋势，微软和Linux系统都不断推出新的功能和优化措施，以满足用户的需求和提升系统性能。

4. 操作系统领域呈现新动态

总的来看，近一年来操作系统领域呈现出以下新动态：

一是智能化和自动化提升：新一代操作系统更加注重智能化和自动化的功能。通过引入人工智能和机器学习技术，操作系统能够更智能地管理资源、优化性能并提供个性化的用户体验。

二是安全性和隐私保护加强：随着网络安全威胁的不断增加，新一代操作系统加强了安全性和隐私保护措施，采用更强大的加密技术、身份验证机制和访问控制策略等手段来保护用户数据和系统安全。

三是跨平台兼容性提升：为了满足不同设备和平台的需求，新一代操作系统注重提升跨平台兼容性。这使得用户能够在不同设备之间无缝切换并使用相同的应用程序和数据。特别是容器化技术的兴起，使得服务器操作系统的部署和管理更加灵活和高效。

2.2 应用技术

近年来，人工智能领域在机器学习、深度学习、自然语言处理等方面取得了显著的技术进步，推动了人工智能的广泛应用和发展。区块链领域近年来的技术进步主要体现在智能合约的创新应用、跨链技术的成熟以及去中心化金融（DeFi）的兴起，推动了更广泛的金融和非金融场景的数字化转型。

2.2.1 人工智能技术取得显著进展

在过去一年中，人工智能技术取得了显著进展，这些成果不仅涵盖了核心算法和模型的改进，还包括了对数据瓶颈的突破、量子计算的应用探索以及人工智能在多领域的深入应用。

1. 深度学习架构不断取得优化

2023年3月，谷歌提出了一种新型的卷积神经网络变体，在图像识别任务中的准确率相较传统模型提升了约15%。到2023年9月，斯坦福大学的研究团队研发出了新的训练算法DPO（Dynamic Programming Optimization），将模型的训练效率提高了30%，大大缩短了训练时间。这一成果使得深度学习模型能够更快地适应新的数据和任务,为实际应用中的快速部署提供了有力支持。

2. 大规模语言模型不断突破,生成式人工智能迅速崛起

近一年多来,人工智能大模型技术领域呈现出前所未有的活跃态势和激烈竞争。OpenAI持续发力,对GPT系列进行了深入的优化和改进。他们不断挖掘技术潜力,提升模型的性能和表现,使GPT系列在自然语言处理等方面展现出更为卓越的能力。同时,其他科技公司和研究机构也不甘示弱,纷纷推出了各自极具竞争力的大模型。如谷歌推出的Bard模型,在语言处理的某些方面展现出独特的优势,与OpenAI的GPT系列形成了激烈的竞争态势,共同推动着大模型技术的快速发展。

2024年5月14日,OpenAI推出了新旗舰模型GPT-4o。这是GPT系列中的一个重大升级,能够实时对音频、视觉和文本进行推理,并处理50种不同的语言。GPT-4o在图像和音频理解方面表现出色,可以在232毫秒内对音频输入做出反应,与人类在对话中的反应时间相近,并且能够接受文本、音频和图像三者组合作为输入,生成文本、音频和图像的任意组合输出。这些技术的发展和发布,标志着人工智能自然语言处理能力的深度提升和多模态处理能力的全面突破,这些技术的突破触发了生成式人工智能的崛起。

近一年来,生成式人工智能成为科技领域的热点。这些系统通过深度学习和大规模语料库的训练,能够生成高质量、具有创造性的内容。在教育、娱乐、创作等领域,生成式人工智能已经展现出巨大的应用潜力。

3. 合成数据应用打破了人工智能发展的一大瓶颈

2023年11月,Lambert在所撰文章《合成数据:Anthropic的CAI,从微调到预训练,OpenAI的超对齐,提示、类型和开放示例》中提出合成数据是AI下一阶段的加速器,并详细解释了合成数据的意义。

数据训练曾是制约人工智能发展的一大瓶颈,合成数据的出现极大地拓宽了AI训练的数据来源,特别是在难以获取大量真实数据的场景下,如高风险环境监测、敏感医疗数据分析等。合成数据作为AI训练的新资源,不仅丰富了数据多样性,还强化了隐私保护和成本效益。同时,数据安全技术的发展,包括加密、匿名化和访问控制,确保了数据的安全性和隐私性。这一进步不仅促进了AI技术的快速进步和应用拓展,也为构建一个更加安全可靠的数据环

境奠定了基础，推动了各行业的数字化转型。

4. 量子计算与AI融合极大促进了技术发展

2023年7月，IBM的科研机构成功实现了量子计算芯片与人工智能算法的初步结合，大幅提高了计算速度。据测试，处理某些复杂的人工智能任务时，速度相较传统计算架构提升了数百倍。这一突破为解决人工智能中大规模数据处理和复杂模型训练的难题提供了全新的思路和方法。量子计算的引入不仅加速了现有算法的执行，还为开发更先进的人工智能技术奠定了基础。

5. 专用AI芯片不断发展推动了人工智能的应用普及

2023年12月，英伟达、英特尔等多家科技公司推出了新一代专用AI芯片，其能耗比前代产品降低了40%，同时性能提升了50%。这些芯片采用了先进的制程工艺和架构设计，针对人工智能计算的特点进行了优化。例如，英伟达的A100芯片在深度学习训练和推理任务中表现出色，为数据中心和云计算提供了强大的算力支持。英特尔的Ponte Vecchio芯片则在边缘计算和移动设备上展现出了优势，使得人工智能应用能够更广泛地部署在各种终端设备上，为边缘计算和移动设备上的人工智能应用提供了更强大的支持，推动了人工智能在物联网、智能终端等领域的普及和发展。

6. 产业界引领AI研究

由于对AI驱动的未来产业前景的无限看好，产业界在AI研究中投入巨大，在AI前沿研究中的贡献日益重要。2023年产业界共产生了51个著名机器学习模型，相比之下学术界仅贡献了15个模型。由于学术界在资金、数据和计算资源方面的不足，导致人才流向产业界，这进一步加强了企业在AI研发中的主导地位。

7. 国际竞争日趋激烈

在人工智能领域，全球范围内的竞争日趋激烈，无论是在国家层面还是在企业层面都展开了激烈的角逐。以大模型技术的发展为例，全球众多企业和研究机构推出了各自的大模型产品，中国10亿参数规模以上的大模型数量已超过100个，美国在顶级AI模型中继续保持着全球的领先地位。在2023年，美国企业和机构共推出了61款有影响力的AI模型，例如MIT和谷歌联合开发的逆序模型（Inverse Model），在视觉和语言任务上表现卓越。中国在AI专利数量上处于领先位置，但美国在高端AI模型的开发和商业化应用方面仍保持明显优势，同时在AI领域的私人投资总额为672亿美元，是中国的近9倍。美国的AI公司总市值在2024年达到5万亿美元，占全球AI市场市值的60%。尽管美国是顶级AI模型的主要来源国，但中国在AI领域的发展同样不可忽视，2024年的数据显示，中国的机器人安装量居世界首位，世界上61%的AI专利都来自中国。

2.2.2 区块链技术不断成熟

随着科技的飞速发展，区块链技术已经成为当今世界技术创新和产业发展的焦点之一。作为一种去中心化、不可篡改、安全透明的分布式账本技术，区块链已经在金融、供应链管理、物联网、版权保护等多个领域展现出巨大的应用潜力和价值。

1. 中美专利申请及应用继续全球领先

近年来，中美两国在区块链技术领域的专利申请数量均呈现快速增长趋势。中国专利申请数量占全球超过50%，且申请量逐年攀升；美国作为全球科技创新的重要中心，其区块链技术专利申请量也持续稳定增加。根据最新统计数据，自2023年1月至2024年5月，中国在区块链技术领域的专利申请数量达到约1.5万件，同比增长30%，显示出中国在区块链技术研发上的强劲势头；同期，美国区块链技术专利申请量也保持稳定增长，累计达到约7000件。

从专利的质量方面看，美国在区块链技术创新方面仍保持领先地位。美国企业如IBM、微软等在全球区块链技术市场中占据重要地位，拥有大量高质量的区块链专利。中国在区块链专利质量方面也在逐步提高。尽管中国区块链专利的引用率为22.7%，略低于美国的30.8%，但中国区块链专利被引用的数量最多，表明中国区块链专利在行业内具有重要的影响力。最近一年，中国区块链技术专利授权数量达到约8000件，其中发明专利占比超过80%，显示出中国区块链技术创新的高度活跃性。同期，美国区块链技术专利授权数量约为3000件，发明专利同样占据主导地位。

从专利权人分布方面看，中美两国也呈现出不同的特点。中国的区块链技术专利主要集中于大型企业、高校和研究机构，其中互联网企业如蚂蚁集团、腾讯公司、百度公司等成为区块链技术专利申请的主力军；而美国的区块链技术专利则主要掌握在科技巨头、金融机构和初创企业手中，如IBM、微软、万事达等企业在区块链技术专利方面具有较高的申请量和授权量。

从热门研究方向看,中美两国均关注于智能合约、隐私保护、跨链通信、区块链扩容等关键技术点。同时,针对不同领域的需求,双方也积极探索区块链在医疗健康、IP版权、供应链管理等方面的应用创新。中美专利最大的差异在于,中国在商业化应用方面表现出较高的积极性,多个区块链技术项目已成功落地并产生实际效益;美国更注重技术创新和研发,拥有众多领先的区块链技术解决方案和创新产品。

2. 区块链关键技术取得重要进展,应用场景不断拓展

过去一年中,区块链技术取得了显著的技术推进,特别是在底层技术升级方面取得了重大进展。

在公有链方面,共识机制的优化是公有链技术发展的重要方向,以太坊2.0(Eth2)的过渡是公有链领域最重要的发展里程碑,这一升级包括引入信标链(Beacon Chain)和Proof-of-Stake(POS)共识机制,提高了网络的扩展性、安全性和可持续性。为了解决区块链的可扩展性问题,Layer 2解决方案如Rollups和Plasma得到了快速发展,趋向成熟。例如,Vitalik Buterin支持的Optimism和Arbitrum等Rollup解决方案已经开始在以太坊上部署,大幅提高了交易速度和降低了成本。零知识证明(Zero-Knowledge Proofs,ZKP)技术在公有链中的应用越来越广泛,如Zcash和Matic Network等项目。这种技术允许用户在不透露任何实际数据的情况下证明某事的真实性,从而提高隐私保护水平。跨链技术的发展也取得了重要突破。多链跨链技术的出现,使得资产可以在不同区块链间自由流动,促进了区块链生态的融合。波卡(DOT)凭借其独特的中继链-平行链架构,实现了不同区块链间的无缝连接与价值互通。去中心化金融(DeFi)和非同质化代币(NFT)的结合为公有链带来了新的应用场景。过去一年中,DeFi项目如Uniswap、AAVE和Compound等在公有链上取得了巨大成功。这些平台提供了去中心化的金融服务,如交易、借贷和保险,无需传统金融机构的参与。非同质化代币(NFTs)爆发,在艺术、游戏和收藏品领域的应用迅速增长。CryptoPunks和Bored Ape Yacht Club等项目的成功,展示了NFT在数字资产所有权和交易方面的潜力。

在联盟链方面,联盟链在深度优化和自主化应用上持续迈进,致力于满足多领域、大规模应用的需求。企业级区块链平台继续发展,Hyperledger Fabric、

R3 Corda、EON等企业级区块链平台提供了更多的隐私特性、更高的性能和更好的集成能力，适用于多种商业场景。蚂蚁金服于2023年11月8日宣布开放联盟链，这是中国区块链技术应用的重大突破。蚂蚁金服从2023年底开始开发开放联盟链，降低了中小企业"上链"门槛至数千元。开放联盟链基于蚂蚁区块链自主研发的技术，能支撑10亿账户规模、10亿日交易量，实现每秒10万笔跨链消息处理能力（PPS）。目前，开放联盟链上沉淀了数十种解决方案，覆盖供应链金融、物流、公益慈善等场景。R3 Corda是一个专门为金融服务行业设计的区块链平台，它在处理复杂的金融交易和合约方面表现出色。多个国际银行和金融机构已经在使用Corda来简化其业务流程。多个国家的中央银行正在探索使用联盟链技术来发行中央银行数字货币（CBDC）。中国的数字人民币（e-CNY）项目就是基于联盟链的一个大规模试点，旨在探索数字货币的应用和影响。联盟链在供应链管理中的应用越来越成熟，例如IBM的Food Trust和Maersk的Tradelens平台，它们利用区块链技术来提高供应链的透明度和效率。联盟链在提供安全的身份认证和隐私保护方面也取得了进展，例如uPort和Civic等项目，它们为用户提供了自我主权的身份解决方案。为了满足法律和监管要求，联盟链正在开发更先进的智能合约功能，以确保合同执行的合法性和合规性。

区块链技术的应用场景正在不断拓展，从最初的数字货币领域逐渐扩展到金融、供应链管理、物联网、版权保护等多个领域。在金融领域，区块链技术被广泛应用于支付、清算、征信、保险等场景，提高了金融服务的效率和安全性。在供应链管理领域，区块链技术通过构建透明、可追溯的供应链体系，降低了企业的运营成本和风险。在物联网领域，区块链技术为设备之间的数据交换和信任建立提供了解决方案。在版权保护领域，区块链技术通过记录作品的创作过程和使用情况，为创作者和版权所有者提供了更加可靠的维权手段。

2.3 前沿技术

以量子信息技术、6G技术等为代表的前沿技术，继续引领全球信息技术的主要创新发展方向，未来将持续引发重大的产业变革，多国继续加速布局，积极抢占未来技术高地。

2.3.1 量子信息技术已经成为科技竞争的新焦点

量子信息技术，包括量子计算、量子通信和量子测量，是当今科技发展的最前沿领域之一。近年来，这一领域取得了显著的突破，并展现出广阔的应用前景。

1. 世界各主要国家战略布局新动态

在全球科技竞赛中，量子信息技术已成为各国竞相争夺的战略高地。从美国的全面布局，到中国的国家战略推动，再到欧洲国家的联合推进，以及其他国家的积极布局，全球量子信息技术领域的竞争日趋激烈。

美国：全面布局，引领全球量子信息技术发展

美国在量子信息领域投入巨大，政府、军方和私营企业均积极参与，形成了强大的研发和应用体系。在量子计算、量子通信和量子精密测量等领域，美国均取得了显著进展。美国近年来通过了一系列法案和政策，以推动量子信息技术的发展。2023年12月发布了《国家量子倡议》（NQI）补充报告，计划将资助延续至2028年。原计划近5年投资12.75亿美元支持量子科技研究与应用，目前实际投资已达37.38亿美元。根据2023年12月发布的《国家量子计划（NQI）总统2024财年预算补编》，美国政府在量子信息科学领域的预算当年达到了9.68亿美元。这一预算将用于支持量子计算、量子通信和量子传感等领域的基础研究和应用开发。

2023年，美国拜登政府签署了对华投资限制行政命令，针对半导体、量子计算和人工智能等关键领域实施投资限制措施，此举旨在维护美国国家安全和技术优势，防范中国在关键科技领域的快速崛起对美国构成的所谓潜在威胁。该行政命令授权美国财政部对特定类型的中国投资进行审查或禁止，以控制资金流向，减少技术泄露风险。此策略的实施体现了美国在科技投资领域的霸权和保护态度，同时也反映了美国对保护自身科技领先地位的高度重视。2024年6月27日美国财政部公布了一份草案，意图限制美国实体在量子信息技术等领域对华投资，这可能会对全球量子信息技术的发展产生一定的负面影响。

中国：国家战略引领，积极推动研发应用

中国政府高度重视量子信息技术的发展，将其纳入国家科技创新战略，通过制定《量子信息发展规划》等文件，明确了量子信息技术的发展目标和重点

任务，并加大了资金投入和政策支持。中国政府建立了多个国家级别的量子科研平台，鼓励和支持科研机构和企业加强合作，共同推动量子技术的创新发展。这些政策不仅促进了量子信息技术的基础研究，还推动了量子信息技术的产业化应用。2023年全球量子信息投资规模达到386亿美元，其中中国的投资总额达到150亿美元，占比位居全球前列。中国在量子通信、量子计算和量子精密测量等领域均取得了显著进展，如"墨子号"量子科学实验卫星的发射和量子计算机原型机的研制成功。中国政府还积极加强与国际社会的交流与合作，共同推动全球量子信息技术的发展。

欧洲：整合资源，共同推动量子技术发展

欧洲国家通过欧盟等机构加强合作，共同推进量子信息技术的发展。欧洲各国在量子通信和量子精密测量等领域取得了显著进展，特别是在量子密钥分发、量子纠缠分发等方面取得了重要突破。欧洲各国政府也积极制定和实施量子科技发展战略，鼓励科研机构和企业加强合作，共同推动量子技术的发展和应用。同时，欧洲国家还加强了与国际社会的合作与交流，积极参与全球量子科技的竞赛与合作。

2023年12月，欧盟发布了关于量子技术的联合宣言，11个成员国签署，旨在认可量子技术对欧盟科学和工业竞争力的战略重要性，并加速量子技术的研发和应用。

欧盟的量子通信基础设施（QCI）项目，已成为全球量子技术领域的一大亮点。该项目旨在通过建立跨国界的量子密钥分发网络，确保通信安全，从而保障各国政府机构、市政当局及关键设施之间的数据传输安全。QCI项目整合了量子设备和系统到传统通信基础设施中，实现了量子密钥分发基础设施的建设。这种基于量子力学的通信方式，凭借其独特的安全性优势，成为未来通信技术的重要发展方向。2023年7月28日，欧盟委员会官网发布公告称，爱尔兰现已签署了欧盟量子通信基础设施（EuroQCI）计划，这意味着所有27个欧盟成员国均已承诺与欧盟委员会和欧洲航天局合作，共同建设EuroQCI。

法国在量子技术领域也取得了显著进展。法国原子能和替代能源委员会（CEA）与法国量子计算初创公司合作，宣布了新的量子计算机设计计划。该计划旨在利用碳纳米管制造量子比特，并计划在CEA的资金支持下实现大规模制造。这一举措有望在2024年实现重要技术突破，推动法国在全球量子计算领域的地位进一步提升。

其他国家：积极布局，加强研发与应用

除了美国、中国、欧盟之外，其他国家和地区也在量子信息技术领域积极布局，加强研发和应用。

英国：2023年2月，英国创新部门Innovate UK启动了一项2000万英镑的基金，专门资助英国小型、微型初创企业在量子科技领域的发展。2023年3月，英国政府公布了"科学超级大国蓝图"，计划到2030年成为科技超级大国。该蓝图包括投资25亿英镑用于人工智能、量子技术和工程生物学领域的变革性技术。据2022年6月的消息，英国商业、能源和产业战略大臣夸西·科沃滕（Kwasi Kwarteng）表示，到2024年，英国量子技术项目的公共和私人投资预计将超过10亿英镑。

加拿大：2024年初，加拿大政府宣布了一项重大的联邦投资计划，投入4000万加元支持全球首台基于光子的容错量子计算机的研发与商业化。该项目由政府的战略创新基金提供资金支持，旨在推动量子计算技术的发展，并加强加拿大在全球量子计算领域的竞争力。此外，加拿大政府还额外投入了3.6亿加元，用于进一步推动国家量子战略的实施。该战略旨在将加拿大打造为全球量子技术的领导者，通过加强研发、培养人才和推动产业化等措施，实现量子技术的广泛应用。

日本：近年来，日本也在积极推进量子信息技术的产业化进程。2022年，日本政府出台了专门的产业政策，计划在未来3年内投入300亿日元。其中，2023年在量子材料领域的研发投入达到了80亿日元，成功开发出具有更高稳定性和性能的量子材料。在量子器件制造方面，索尼于2023年实现了量子传感器的量产，年产量达到5万件，并出口到全球多个国家和地区。预计到2025年，日本的量子信息技术产业规模将达到800亿日元。

韩国：韩国同样紧跟步伐，自2020年开始，韩国政府每年投入约5000亿韩元用于量子技术研发。此外，韩国还在积极培养量子技术人才，计划在2025年前培养出2000名专业人才。预计到2027年，韩国将在量子计算和通信领域取得更多关键技术突破，并实现部分技术的商业化应用。

至2023年10月，全球29个国家和地区制定和发布了量子信息领域的发展战略规划或法案，公开信息不完全统计投资总额超过386亿美元。

2. 量子信息技术近期的主要成果与竞争态势

量子信息技术的快速发展正在推动科技前沿的进步，并逐步渗透到各行各业，展现出其在多个领域的应用潜力。近期，这一领域取得了若干重大突破，对科技发展和未来应用将产生深远影响。

量子计算领域取得突破。量子计算机的可编程性和扩展性取得了显著进步，一些关键技术已经接近或达到实际应用的门槛。2023年10月，Google宣布其量子计算机Sycamore在特定问题上实现了量子霸权，执行特定算法的速度比传统计算机快上亿倍。这一成就不仅验证了量子计算机在特定问题上的巨大优势，也激发了全球对量子计算研究的热情。此外，量子计算机的商业化也取得了重要突破，如Rigetti Computing推出了一款名为"Aspen-4"的量子计算机，并计划在2023年推出更高性能的"Aspen-8"。IBM推出了拥有127个量子比特的Eagle处理器，这是首个超过100量子比特的通用量子计算机，进一步推动了量子计算向规模化发展的进程。这些进展标志着量子计算跨出了从理论走向实践的重要一步。随着量子硬件的成熟，软件和算法的发展对于量子计算的实用化至关重要。2024年3月，IBM的Qiskit量子编程框架进行了升级，提供了更强大的模拟和优化工具，使得量子算法的开发更加高效。结合量子计算与机器学习，研究人员开发了能够在量子计算机上运行的优化算法，展示了在药物发现、金融分析等领域的潜在应用价值。

量子通信技术取得实用化进展。量子通信技术确保了信息传输的安全性，在全球范围内的部署进一步加速。量子通信技术，尤其是量子密钥分发（QKD），在确保信息传输安全方面取得了重要进展，实验系统指标获得提升。TF-QKD技术已成为业界公认的下一代远距离、高安全性QKD技术方案，2023年系统实验光纤传输极限距离突破1000公里。同时，CV-QKD在中短距离范围有密钥成码率优势，成为未来城域QKD应用的主流。自2016年发射"墨子号"量子科学实验卫星以来，"墨子号"已经成功实现了多次星地量子密钥分发、量子纠缠分发和量子隐形传态等实验。其中，最远距离的量子密钥分发实验达到了数千公里级别，为构建全球量子通信网络提供了技术支撑。作为中国首个基于量子密钥分发的安全通信线路，"京沪干线"已经成功实现了北京和上海之间的安全通信。该线路采用了多种量子通信技术和协议，确保了信息的绝对安全和可靠传输。同时，"京沪干线"还与其他量子通信线路相连通，形成了覆盖范围更广的量子通信网络。中俄科学家联手进行的超远距离量子加密通信测试，成功实现了相距约3800公里的量子密钥分发，这一成果为全球通信安全带来了新的希望。欧盟启动了"量子互联网联盟"，旨在建立一个泛欧乃至全球性的量子通信网络，推进量子密钥分发技术的商业化和标准化。同时，美国国家安全局（NSA）发布了一份报告，指出量子通信技术将对保护敏感信息产生重大影响。这些成果不仅推动了量子通信技术的工程化，也为未来的信息安全提供了新的解决方案。

　　量子信息技术领域竞争激烈。在全球科技领域中，量子计算作为前沿技术，正逐渐成为各国科技竞赛的焦点。当前，IBM、Google以及中国科研机构与企业在此领域均展现出卓越的进步和独特的竞争力。IBM量子计算技术持续领先，在量子计算领域持续投入研发，展现了其深厚的技术实力和创新能力。该公司推出的多款高性能量子计算机，如IBM Quantum Condor芯片和Heron量子处理单元（QPU），均以其卓越的性能和稳定性，为量子计算的研究和应用提供了坚实的硬件基础。IBM Quantum Condor芯片以其高量子比特容量，为复杂量子算法的实现提供了可能；而Heron QPU则以其高效的错误纠正能力，进一步提升了量子计算的稳定性和可靠性。在量子计算领域，Google也凭借其卓越的技术实力和创新能力取得了显著进展。该公司成功实现了量子优越性，并在量子计算云平台方面提供了便捷的服务。量子优越性的实现，标志着量子计算技术在实际应用中的巨大潜力，而Google的量子计算云平台则为研究人员提供了方便的量子计算服务，进一步推动了量子计算技术的发展和应用。中国科研机构与企业崭露头角。在量子信息技术领域，中国的科研机构和企业也展现出强大的竞争力和创新能力。清华大学、中科院等机构在量子通信、量子计算等领域取得了多项重要成果，为我国在量子信息技术领域的发展奠定了坚实基础。同时，华为、百度等企业也在量子计算、量子通信等领域积极布局，通过技术研发和应用创新，不断提升中国在量子信息技术领域的整体实力。

2.3.2　6G技术加速布局启动

6G技术，作为下一代移动通信技术，旨在实现更高速率、更低时延、更广覆盖的通信服务。它不仅将极大地推动物联网、智能制造、远程医疗等行业的快速发展，更将成为全球数字化转型的重要基石。因此，各国政府、企业和研究机构均高度重视6G技术的研发与布局。

1.世界主要经济体积极推动6G技术发展的新动态

世界各主要国家在6G技术的发展中，都展现出了强烈的竞争态势，并在技术研发、专利申请、战略布局等方面积极谋划，以期在未来的6G时代占据有利地位。

中国：持续技术创新

根据最新数据，中国在6G技术领域的专利占比已达到40.3%，展示了在通信技术创新方面的实力。近年来，中国政府持续加大在6G技术研发上的投入。自2023年起，每年在6G技术方面的投入增长都超过20%。2024年2月，中国成功发射了全球首颗验证6G架构的卫星"星核验证星"，开启了6G研发的新篇章。在2024 MWC上海展上，中国企业如中信科移动等展示了最新的6G研究成果，包括超维度天线技术（E-MIMO）等关键技术。

美国：实力潜力巨大

美国在6G技术领域的专利占比约为35.2%，稳居第二。这一比例显示了美国在通信技术领域的持续创新能力。美国拥有如高通、英特尔等科技巨头，它们在6G技术研发上进行深度合作，共同推动技术突破。2024年2月，美国与英国、日本等10个国家共同发布联合声明，宣布将共同致力于6G技术的研发。美国在开放太赫兹频段作为6G实验的频谱资源上投入了大量资源，为6G技术的发展提供了重要支持。

欧洲：各国全面合作

欧洲启动了一项全面的6G技术研究计划，联合了多家企业和科研机构共同研发。欧洲国家积极参与国际6G技术合作与交流，推动全球6G技术的发展。芬兰在2019年就发布了关于6G技术进步和创新的规划白皮书，展示了其在6G技术领域的领先地位。欧洲各国在6G网络架构、无线技术等方面取得了重要进展，为未来的6G应用奠定了基础。

日本：战略规划清晰

日本政府与企业间紧密合作，共同规划并实施了综合的6G技术发展战略。日本在太赫兹技术领域具有显著优势，为6G技术的发展提供了有力支持。日本正在加快6G低轨道卫星通信系统的研发，预算为3.7亿美元，计划于2025年至2030年实施。日本企业积极参与全球6G技术合作与交流，与国际伙伴共同推动6G技术的发展。

韩国：积极稳步前进

韩国于2020年发布了关于6G技术的白皮书，为6G技术的研究和应用指明了方向。韩国计划将6G技术应用于未来通信、智能制造、远程医疗等领域，推动产业创新升级。韩国在6G技术研发方面取得了积极进展，正在加强与全球合作伙伴的技术合作与交流。韩国正致力于提高6G技术的数据速率、频谱效率、可靠性等指标，为未来的6G应用奠定坚实基础。

总之，世界主要国家在6G技术上的竞争格局日益激烈，各国都在加快研发步伐并寻求国际合作。中国在6G技术研发和专利申请上占据显著优势，而美国、日本、韩国和欧洲国家也都在各自擅长的领域内稳步前进。

2. 6G市场前景广阔

标准制定取得进展。2023年6月，ITU发布了《IMT面向2030及未来发展的框架和总体目标建议书》，提出了包括超高速率、超低时延、超大规模连接等在内的关键技术指标。这标志着6G技术研发与合作迈入了新的阶段。目前，全球范围内已有多个标准化组织开始着手制定6G的相关标准，如3GPP、IEEE等。

产业布局与投入巨大。2023年初，华为、三星、诺基亚等全球通信行业的领军企业，相继宣布成立专门的6G研发团队，致力于未来通信技术的研发。华为作为中国通信行业的领军企业，已经在其研发中心成立了专门的6G研发团队，并与国内多所高校和研究机构展开了深入合作。同时，多个城市如深圳、上海等，也已设立了6G技术创新中心和实验室。高通公司作为美国的通信芯片巨头，已经开始布局6G技术的研发。该公司与多所美国高校和研究机构合作，共同推动6G技术的创新。诺基亚和爱立信等欧洲通信巨头也加入了6G技术的研发行列，它们不仅投入了大量资金和资源，还与欧洲各地的科研机构和高校展开了紧密的合作。根据市场研究机构的预测，到2040年，全球6G市场规模有望超过3400亿美元，中国预计将成为全球最大的6G市场之一。

6G技术不断取得创新发展。近一年来，6G技术在传输速率方面取得了重要突破。华为在其研发中心成功进行了基于太赫兹波段的无线数据传输实验，在实验中，使用了先进的调制技术和信号处理算法，实现了高达1Tbps的传输速率。这一实验结果表明，6G技术在传输速率方面具有巨大的优势，为未来的高速通信提供了有力的支持。在降低时延方面，三星的6G研发团队取得了显著的进展。他们通过优化网络架构和传输协议，成功将时延降低到了1毫秒以下。这一技术突破为自动驾驶、远程医疗等应用提供了更好的支持。诺基亚和爱立信等欧洲通信巨头在6G技术的大规模互联方面取得了重要进展。他们通过引入网络切片技术，实现了不同业务之间的独立网络部署和运营，满足了各种复杂场景的需求；还采用智能网络优化技术，自动调整网络参数和资源分配，确保了网络的高效运行。这些创新发展不仅展示了6G技术在多个关键领域的快速进步，也预示着在未来几年内，6G技术将实现更多的技术突破和应用创新。

第3章

世界数字经济发展

数字经济作为产业发展与变革的重要引擎，日益成为全球经济发展的关键支撑。一年来，各主要国家把数字经济作为构筑经济增长动能、促进可持续发展的重要手段，加快人工智能、半导体、信息基础设施等重要领域布局，数字经济政策体系持续完善、增长势头较为强劲，成为推动各国经济复苏的重要力量和新生动能。

从发展规模看，全球数字经济持续扩张，主要国家数字经济快速发展，美、中连续多年位居全球数字经济规模前两位。从驱动因素看，人工智能为数字经济持续发展注入强劲动能，在其带动下全球互联网投融资出现强势反弹，5G渗透率逐步提升，数字技术创新仍然是产业变革的引领力量。数字产业化提挡加速，基础电信业、电子信息制造业、软件和信息技术服务业、互联网信息内容服务业呈现不同程度的增长态势。产业数字化走深向实，农业、工业、服务业数字化转型稳步提升，金融科技、电子商务等繁荣演进，数字化已成为产业高质量发展的重要推动力。

3.1 世界数字经济发展总体态势

数字经济已成为全球产业发展与变革的核心驱动力。全球主要国家纷纷加强政策规划与布局，旨在使数字经济政策的导向更为明确、体系更为健全，为数字经济提供更为优质稳定的发展环境。

3.1.1 世界数字经济发展稳步提升

当前，全球经济发展面临的不稳定、不确定、难预料因素增多，新一轮科技革命和产业变革为各国高质量发展提供了重要战略机遇，数字经济为全球经济复苏提供有力支撑。根据中国信息通信研究院发布的数据，2023年，美国、中国、德国、日本、韩国等5个国家数字经济总量超33万亿美元，同比增长超8%；数字经济占GDP比重为60%，较2019年提升约8个百分点。2019年至2023年，德国、日本、韩国数字经济稳定发展，美国、中国数字经济实现快速增长。从内部结构看，产业数字化对数字经济增长的引擎作用持续发挥，2023年占数字经济比重达86.8%，较2019年提升1.3个百分点；预计2024年至2025年，全球数字产业收入增速回升，稳步夯实数字经济发展基础。[1] 根据《2022—2023全球计算力指数评估报告》预测，2026年全球主要国家数字经济占GDP的比重预计将达到54%，全球数字经济将稳步提升。[2]

3.1.2 各国数字经济政策体系日益完备

为抢占数字经济发展机遇，美国、欧盟、日本、印度等世界主要国家和地区先后出台战略措施，在产业布局、资金支持、人才培育等各方面采取各种举措，力求打造数字经济领域竞争新优势。

1. 注重战略先行，高度重视数字经济顶层设计

美国发布一系列发展数字经济的战略和政策，确保在数字经济中的领先地位。2023年10月，美国政府发布《关于安全、可靠和值得信赖地开发和使用人工智能的行政命令》，确保AI技术在联邦政府中的负责任开发和实施，设定了AI技术未来发展的国家标准。2024财年美国人工智能研发投资预算增长到31亿美元，较2023年的26亿美元提高了19.2%，创历史新高。2024年5月，美国国务院发布《美国国际网络空间和数字政策战略：迈向创新、安全和尊重权利的数字未来》，提出通过建立国际人权法在内的国际法，主动影响网络空间和数字技术的设计、开发、治理和使用，建立长期可防御及有韧性的数字生态系统。

欧洲国家和地区大力支持数字经济发展和前沿技术创新。2023年12月，欧盟委员会通过了"数字欧洲计划"2024年工作计划，将为包括人工智能和网络安全在内的数字解决方案提供7.627亿欧元的资金。2024年3月，英国政府发布《数字发展战略（2024—2030）》，提出到2030年，英国将支持至少20个伙伴国家将其数字鸿沟平均缩小50%，支持至少20个伙伴国家改进数字公共基础设施，并帮助至少10个伙伴国家建立健全人工智能监管框架。

日本发布综合创新战略，推动人工智能及半导体产业发展。日本谋划

---

[1] "中国信通院院长余晓晖解读全球数字经济发展新态势"，https://www.cnii.com.cn/gxwww/tx/202407/t20240703_582006.html，访问时间：2024年6月30日。

[2] 国际数据公司IDC、浪潮信息、清华大学全球产业研究院：《2022—2023全球计算力指数评估报告》，2023年8月。

"建立下一代半导体设计和制造基地",计划到2027年生产出2纳米的先进逻辑集成电路,增强日本开发生产尖端半导体的能力。2023年6月,日本修订《半导体和数字产业战略》,规划为生成式人工智能与量子技术所用的超级计算机建设投入2.26亿美元。2024年6月,日本内阁通过"综合创新战略",将推动制定相关法律法规,在确保安全的基础上加快人工智能的实际应用。

澳大利亚加强前沿技术与网络安全部署。2024年5月,澳大利亚政府发布"国家机器人技术战略",强调发展机器人和自动化技术。2023年,发布《2023—2030年网络安全战略》及行动计划,增强弱势群体的网络素养,扩大数字身份证计划,为中小型企业提供免费的、定制化的网络安全成熟度评估,倡导构建有效打击网络犯罪的全球法律框架。

新兴经济体方面,中国高度重视数字经济国际合作,提出《携手构建网络空间命运共同体行动倡议》《新时代的中国国际发展合作》《金砖国家数字经济伙伴关系框架》等一系列倡议。印度政府2023年发布数字化转型战略,2024年宣布国家级"India AI使命"项目,批准了1037亿卢比预算,旨在通过数字技术的广泛应用,推动印度经济向数字化、智能化和可持续发展方向转型。东南亚多国政府积极支持发展数字经济,2023年11月,印尼国家发展规划部发布了2023—2045年数字产业发展总体规划,全力支持数字化转型,将巴淡岛隆莎数码工业园等划定为经济特区,并提供税收减免等财政优惠。

2.强化数据监管,多国构建数据要素治理框架

欧盟制定了统一的数据治理框架,在全球推广数据标准规则。2023年11月,欧盟理事会通过了《关于公平访问和使用数据的统一规则的条例》,明确了数据的定义,确立了数据访问、共享和使用的规则,规定了获取数据的主体和条件。2024年2月,欧盟《数字服务法》生效,涵盖社交媒体审核、电商广告推送以及打击假冒商品等多个方面。5月,欧盟理事会正式批准了全球首部《人工智能法案》,旨在规范整个人工智能产业链的主体,包括与欧盟市场有连接点的人工智能系统提供商、使用商、进口商、分销商和产品制造商。欧盟积极在全世界推动欧洲数据模式,提升国际数据市场的影响力和话语权,如欧盟积极推广《通用数据保护条例》,已有13个国家和地区将其纳入规则体系。

美国主张数据跨境自由流动,同时又逐步对数据跨境流动开展管制措施。

2024年2月，美国司法部主导，与国土安全部、国防部和卫生及公共服务部等部门协作发布《关于防止受关注国家获取美国人大规模敏感个人数据及美国政府相关数据的行政命令》，禁止受关注国家访问大量美国人的敏感个人数据，包括基因组数据、生物识别数据、个人健康数据、地理位置数据、财务数据等信息。

中国提出将数据作为新型生产要素，强化数字安全屏障。2023年8月，国家网信部门发布《个人信息保护合规审计管理办法》（征求意见稿），明确了开展个人信息合规审计的相关参考要点、重点审查事项。10月，发布《科技伦理审查办法（试行）》，确定了科技伦理审查内容以及审查流程。12月，印发《关于加强数据资产管理的指导意见》，规范和加强数据资产管理。

世界其他国家也逐步将数据治理纳入立法框架。印度发布《2023年数字个人数据保护法案》，充分保护个人数据的隐私和安全，加强数据领域监管，规范进行相关数据的合规处理。泰国发布《个人数据保护法》，包含数据主体权利与保护、数据处理者义务、跨境数据传输等方面内容，并就违法违规处理个人数据的民事责任、刑事责任以及行政责任作出明确规定，是对个人数据收集、使用、披露等的综合性法律。

3.1.3 全球互联网投融资出现反弹

伴随市场对人工智能技术革新和产业前景的看好，互联网领域投融资出现反弹。根据中国信息通信研究院发布的《2024年一季度互联网投融资运行情况》[1]，2024年第一季度，全球互联网投融资案例数环比上涨3.7%，同比下跌3.1%；披露的金融环比上涨40.3%，同比上涨10.0%。根据创投数据库PitchBook发布的数据，2024年第二季度，美国风险投资额达到556亿美元，环比增长47%，是近两年来最高的一个季度，主要由人工智能行业的巨额投资推动。

人工智能是欧美国家投资热点。根据欧洲市场分析平台Dealroom发布的《2024年AI投资报告》[2]，2024年AI投资将达到650亿美元，所有风险投资的20%

---

[1] 中国信息通信研究院：《2024年一季度互联网投融资运行情况》，http://www.caict.ac.cn/kxyj/qwfb/qwsj/202405/P020240513583542621148.pdf，访问时间：2024年6月30日。

[2] "The State of AI Investing—Edda AI Symposium, Paris"，https://dealroom.co/reports/the-state-of-ai-investing-edda-ai-symposium-paris，访问时间：2024年6月30日。

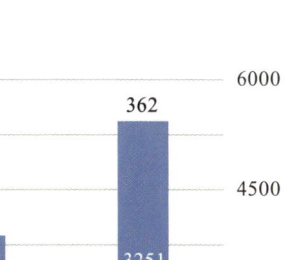

图3-1 2023年第一季度—2024年第一季度全球互联网投融资情况

（数据来源：中国信息通信研究院）

流向了人工智能创业公司。美国人工智能风险投资金额是欧洲的3倍，对生成式人工智能风险投资是欧洲的近10倍。在人工智能风险投资金额上，英国、法国和德国在2023年的增幅最大，其中法国和德国的增长速度远快于英国。伦敦和巴黎是欧洲主要的人工智能中心。

生成式人工智能企业估值持续推高。根据调查公司CB Insights发布数据，截至2024年4月底，生成式人工智能领域的"独角兽"企业共有37家，与2023年同期的20家相比接近翻了一番。生成式人工智能独角兽企业格局发生显著变化，2023年4月底，生成式人工智能独角兽企业中，美国占比90%，而此后一年内新增的17家企业中，有10家来自其他国家，其中有5家来自中国，包含月之暗面、MiniMax、零一万物、百川智能和智谱AI。

3.2 数字产业化提挡加速

在数字化浪潮的推动下，世界数字产业继续保持高速增长的态势。这一增长不仅体现在规模上，也体现在技术的深度和应用的广度上。

3.2.1 基础电信业加速推广应用

1. 5G技术赋能垂直行业

5G技术迅猛发展，目前已有100多个国家和地区的300多家运营商推出了5G商用服务，5G将覆盖地球三分之一的人口，对垂直行业产生强大的赋能效应。[1] 截至2023年3月，中国信通院监测的全球5G应用案例中，确定已经落地和正在开展的应用共计709个，近半年新增应用数量达65个，同比增长14个百分点，行业应用部署和落地有所加速。服务业和制造业将从5G技术中受益最大，未来10年，在智能工厂、智慧城市和智能电网等应用的推动下，预计服务业将实现46%的收益，制造业将实现33%的收益。[2]

2. 固定宽带速度与收入规模均有提升

宽带速度持续提升，中国信息通信研究院发布的《全球数字经济白皮书（2023年）》指出，截至2023年9月，全球固定宽带网络下载和上传速度的中位数分别为85.31Mbps和39.16Mbps，网络延迟约为9毫秒，上传和下载速度均有提升。市场调研机构Omdia预测，全球固网宽带用户将从2023年的14.9亿增至2028年的17.9亿，在全球范围内宽带服务收入将实现同步增长，2028年服务收入将达到3910亿美元，复合年均增长率为3.7%。[3]

3.2.2 电子信息制造业持续增长

1. 消费电子市场强势复苏

在消费市场需求企稳、人工智能等热点应用领域带动，以及渠道去库存效果明显等多重因素作用下，消费电子市场保持较为稳定的发展态势。IDC发布数据显示，2024年第一季度，全球智能手机出货量同比增长7.8%，达2.89亿部[4]，

---

1 "GTI国际产业大会｜全球产业携手共推5G-A×AI融合发展"，https://www.cnii.com.cn/ztzl/2024mwcsh/202406/t20240627_580337.html，访问时间：2024年6月30日。
2 中国信息通信研究院：《全球数字经济白皮书（2023年）》，http://www.caict.ac.cn/kxyj/qwfb/bps/202401/P020240326601000238100.pdf，访问时间：2024年6月30日。
3 "Fixed Broadband Subscription sand Revenue Forecast Report—1Q24"，https://omdia.tech.informa.com/om120349/fixed-broadband-subscriptions-and-revenue-forecast-report-1q24，访问时间：2024年6月30日。
4 "Worldwide Smartphone Market Up 7.8% in the First Quarter of 2024 as Samsung Moves Back into the Top Position, According to IDC Tracker"，https://idc.com/getdoc.jsp?containerId=prUS52032524，访问时间：2024年6月30日。

预计2024年全年全球智能手机出货量将同比增长4.0%，达12.1亿部[1]。

人工智能技术将对智能手机带来变革性影响。市场分析机构Canalys预测，到2024年底，新出货的智能手机中将有16%具备生成式人工智能功能，这是由快速发展的芯片组技术和激增的消费者需求所带来的。全球主要手机厂商，如苹果、谷歌、三星、荣耀、OPPO、小米和vivo等，将处于在设备中集成AI能力的最前沿。到2028年，AI手机的市场份额将达到54%，2023年至2028年的复合年均增长率将达到63%。AI手机的成功将取决于技术进步、隐私和安全措施，以及将人工智能无缝集成到日常用户体验中的能力。[2]

2. 电信设备市场规模平稳增长

根据市场分析机构德罗洛集团（Dell'Oro Group）发布的报告，2023年全球电信行业保持平稳发展，市场收入增长2%。尽管各地区和技术的表现各不相同，但这些结果在总体水平上与预期基本一致，在经历了5年的扩张之后，北美地区电信市场转向了负增长，而欧洲、中东和非洲、加勒比和拉丁美洲以及中国市场的稳定表现，加上中国以外亚太地区的强劲增长，抵消了美国市场的疲软态势。

3. 可穿戴市场规模持续扩张

可穿戴设备以其卓越的性能，满足了现代人对生活效率、品质及健康日益增长的需求。IDC发布的报告显示，2024年第一季度全球可穿戴设备出货量同比增长8.8%达1.13亿台，苹果、小米、华为、三星分列前四位。其中，苹果可穿戴设备出货量为2060万台，同比下降18.9%，市场份额为18.2%；小米出货量为1180万台，同比增长43.4%，市场份额为10.5%；华为出货量为1090万台，同比增长72.4%，市场份额为9.6%；三星出货量为1060万台，同比增长13%，市场份额为9.3%。[3]

---

[1] "Worldwide Smartphone Shipments Forecast to Recover with 4.0% Growth in 2024, Fueled by Android Growth in Emerging Markets, According to IDC", https://www.idc.com/getdoc.jsp?containerId=prUS52306524，访问时间：2024年6月30日。

[2] "Now and next for AI-capable smartphones report 2024", https://canalys.com/reports/AI-smartphone-market-forecasts，访问时间：2024年6月30日。

[3] "Worldwide Shipments of Wearable Devices Grew 8.8% Year Over Year in Q12024 While Average Selling Prices Continue to Decline, According to IDC", https://www.idc.com/getdoc.jsp?containerId=prUS52322724，访问时间：2024年6月30日。

3.2.3 软件和信息技术服务业发展迅猛

1. 人工智能技术突破与产业发展提速

根据中国信息通信研究院发布的数据，截至2024年3月底，全球人工智能企业近3万家，美国占34%，中国占15%；2023年到2024年第一季度，全球人工智能独角兽企业234家，增加37家，占新增独角兽企业总量的40%，其中，美国AI独角兽企业120家，中国71家。[1] 随着人工智能大模型等应用爆发式发展，智能算力需求激增，算力成为战略资源和科技竞争焦点，主要国家高度关注算力互联，并开展多方探索。

2. 物联网市场规模持续扩大

在全球范围内，物联网的连接数量呈现持续增长的态势，物联网技术的渗透率也随之显著提升，在众多行业领域体现了物联网技术的广泛应用和重要价值。根据爱立信估测，2023年全球蜂窝物联网连接数超过30亿个，其中通过2G和3G连接的物联网设备数量正在缓慢下降，宽带物联网（4G/5G）达到约16亿个连接。[2] IoT Analytics发布的报告显示，2023年，蜂窝物联市场排名前五的网络运营商分别是中国移动、中国电信、中国联通、沃达丰和AT&T，这五家运营商管理着全球84%的蜂窝物联网连接。就物联网收入而言，排名前五位的运营商共占物联网运营商市场的64%。[3]

3. 云计算市场规模高速扩张

全球云计算业务持续保持快速增长态势，基础设施日益完善，产业链条不断拓展延伸，融合应用不断涌现，为各行各业的数字化转型升级提供了强有力的支撑和加速赋能。《云计算白皮书（2023年）》显示，在大模型、算力等需求刺激下，市场将保持稳定增长，到2026年全球云计算市场将突破约万亿美元。[4]

---

1 "中国信通院院长余晓晖解读全球数字经济发展新态势"，https://www.cnii.com.cn/gxxww/tx/202407/t20240703_582006.html，访问时间：2024年6月30日。

2 爱立信：《爱立信移动报告》，2023年11月。

3 "IOT Analytics：预计2023全球物联网连接数同比增长16%达到160亿"，https://www.c114.com.cn/m2m/2488/a1233198.html，访问时间：2024年6月30日。

4 中国信息通信研究院：《云计算白皮书（2023年）》，http://www.caict.ac.cn/kxyj/qwfb/bps/202307/P020240326634505750782.pdf，访问时间：2024年6月30日。

4. 大数据服务市场潜力巨大

大数据与人工智能、云计算、物联网、区块链等技术日益融合，成为抢抓未来发展机遇的战略性技术，全球主要国家都将大数据产业上升至国家战略高度。根据IDC数据，2020年至2024年全球大数据市场规模在5年内约实现10.4%的复合年均增长率，预计2024年全球大数据市场规模约为2983亿美元，据此测算到2026年，全球大数据市场规模将超过3600亿美元。[1]

5. 区块链应用创新发展

区块链技术不断完善，加速向其他行业和领域渗透和扩散，区块链创新应用快速发展。截至2023年12月，全球共有区块链企业10291家，中国和美国分别有2802家和2697家，占比分别为27%和26%，处于领先水平。2023年新成立的区块链企业主要从事创新业务，包括加密货币交易、Web3.0、NFT、DeFi等。[2]

3.2.4 互联网信息内容服务业不断攀升

1. 网络游戏市场规模不断攀升

根据Newzoo公布的数据，2023年游戏行业市场总额达到了1840亿美元，同比增长0.6%。其中手游占49%，份额为904亿美元；主机游戏占比29%，为532亿美元；数字和实体PC游戏占市场21%的份额，为384亿美元。实体游戏仅占整体5%的份额，在PC上实体仅占1%，而主机上实体则占17%。[3]

2. 音乐流媒体市场规模保持增长

根据国际唱片业协会（IFPI）公布的数据，2023年全球音乐产业增长了10.2%，已经连涨9年。其中，排名第五的中国大陆市场，去年收入增长25.9%，在世界前十大音乐市场中增长最快。流媒体业务仍然是行业增长的主要推动力，2023年，全球音乐流媒体收入达到193亿美元，增长了10.4%，占总

---

[1] "全球数据量井喷但存储量只占2%"，https://www.iii.tsinghua.edu.cn/info/1131/3346.htm，访问时间：2024年6月30日。

[2] 中国信息通信研究院：《区块链白皮书（2023年）》，2024年3月。

[3] "2023年全球游戏市场总额达到1840亿美元手游占49%"，https://news.zol.com.cn/847/8479217.html，访问时间：2024年6月30日。

收入的67.3%；订阅流媒体收入增长了11.2%，占全球市场的48.9%。[1]

3. 数字广告市场规模恢复

数字广告再次驶入快车道，根据MAGNA盟诺发布的全球广告预测报告，2023年全球媒体净广告收入（NAR）达到8530亿美元，相比2022年增长5.5%，2024年增长率将达到7.2%。纯数字媒体（DPP）广告收入取得了9.4%的增长，达到5870亿美元（占广告销售总额的69%）。纯数字媒体广告受到多种有机增长因素的推动，电子商务和零售媒体的崛起就是其中之一。印度仍是增长最快的市场（增长12%，达到140亿美元）。中国取得了9.8%的增长，但北欧市场的增长开始放缓，英国和德国的增长率分别为3.9%和2.5%。[2]

3.3 产业数字化走深向实

产业数字化是全球数字经济的关键组成，是全球经济增长的重要动力。随着数字技术与实体经济的深入融合，各国不断加快推进产业数字化转型，农业、工业、服务业数字化转型稳步提升，可以说，数字化已经成为助力各个产业高质量发展的重要推动力。

3.3.1 产业数字化是数字经济主引擎

近年来，全球各国加大数字化转型支出，为深入推进产业数字化提供了重要保障。根据IDC《全球数字化转型支出指南》预测，2027年全球数字化转型支出将达到近3.9万亿美元，五年复合年均增长率为16.1%。利用技术提高运营效率是数字化转型支出的重要目标（占总支出35%以上）。分行业看，包含机器人制造、自主控制、库存智能和智能仓储在内的离散制造是预测期内数字化转型支出最大的行业，约占全球所有投资的18%；此外，证券和投资服务行业的数字化转型支出增长最快，五年复合年均增长率为21.1%。分场景看，采矿作业援助、基于机器人流程自动化的索赔处理和数字孪生等成为IDC确定的

---

1 "Global Music Report—State of the Industry"，https://www.ifpi.org/wp-content/uploads/2024/04/GMR_2024_State_of_the_Industry.pdf，访问时间：2024年6月30日。

2 "MAGNA：2023年年底全球广告预测"，https://www.199it.com/archives/1666160.html，访问时间：2024年6月30日。

300多个数字化转型案例中增长最快的几个场景,五年复合年均增长率分别为32.6%、30.6%和28.5%。[1]

3.3.2 数字农业成为农业的发展方向

全球各国纷纷把数字农业作为未来农业的发展方向,希望通过数字技术释放农业发展空间,提高农业收入和抗风险能力。英国政府大力支持农业科技创新,包括利用遥感、卫星导航、无人机、物联网传感器、大数据分析等技术手段,建立和完善农业监测与管理系统,以提高农业生产效率。[2] 美国高度重视农业领域技术应用,2023年11月,美国农业部(USDA)发布《2024—2026年数据战略》,旨在实现更先进的数据分析功能、更清晰的治理结构,并推动公众对农业部数据的访问,为研究人员提供所需数据,促进与公众的研究创新和合作。法国制定了"农业-创新2025"和"农业与数字化"路线图等一系列政策,2023年1月,法国政府宣布将在8年内投入6500万欧元加速农业数字化、生态化发展,支持发展数字技术和自动化,开发新一代农业装备、数字技术和决策工具,特别是用于农业数据收集和分析的人工智能。澳大利亚出台《澳大利亚农业科学十年规划(2017—2026)》,确定了包括农业智能技术、大数据分析等在内的6个研究领域,2022年发布的《农业数字基础战略》规划了数字技术在澳大利亚农林牧渔业的发展路径。

从农业数字化建设来看,数字技术、智能设备的普及应用显著提高全球农业劳动生产率。美国农户综合运用遥感技术、地理信息系统和全球卫星定位系统等技术对农作物进行信息采集、产量监测、分析决策,通过使用无人机、传感器和AI监控等设备,帮助其作出更精准的生产和管理决策,提高资源利用率。作为农业大国,巴西在农业领域广泛使用人工智能技术,比如无人驾驶拖拉机、喷药无人机和挤奶机器人等。使用卫星定位技术监视作物生产,可根据编号地块的作物种子型号结合生长环境等因素对产量进行预估,并运用前端摄像头、光谱无人机等物联设备对整个区域的农业产业进行统筹监管。巴西推动建设了首个采用5G技术的农场,推动拖拉机、收割机及其他农业机器数字化、

---

[1] "IDC's Worldwide Digital Transformation Spending Guide Taxonomy, 2024: Release V1, 2024",https://www.idc.com/getdoc.jsp?containerId=US52067124&pageType=PRINTFRIENDLY,访问时间:2024年6月30日。
[2] 农民日报:《英国:以数字技术推动农业农村建设发展》,2024年5月。

智能化，并可通过无人机捕获和传输高清图像，预计可推动该农场生产力提升20%至30%。[1]

从农业电商发展进程看，全球农业电商市场正在迅速扩大，各大电商平台、农业科技公司、农产品生产商、零售商等纷纷向农业电商领域发展。在美国，亚马逊（Amazon）、家乐福（Carrefour）等巨头凭借强大的品牌影响力和技术实力，并通过跨境平台服务，在全球农业电商市场中占据重要地位。在东南亚等新兴市场，政府通过签署区域合作协议、提供税收优惠等方式促进农业电商的跨境合作和发展，电商平台如来赞达（Lazada）、虾皮（Shopee）等也在积极布局农业电商领域，成为全球农业电商增长的重要驱动力。中国农业电商市场占据全球较大的市场份额，成为全球最主要的市场之一。

3.3.3　制造业数字化转型成效显著

为抢抓制造业数字化转型机遇，各国加大对制造业数字化转型的支持力度。美国大力推动先进制造业发展，计算机和电子产品制造业的建设资金迅速增长。2024年，美国政府向该行业投入的资金相当于过去27年的投资总和。2023年7月，德国联邦政府计划拨款220亿美元支持德国的半导体制造业，旨在支撑德国的科技行业，确保关键零部件的供应。此前，德国发布"制造-X"计划，目前该计划已成为德国工业4.0战略的首要任务，以推动供应链数字化为目的，强调构建数据空间，激发数据要素价值。

重视中小企业数字化转型，增强整体应变能力。2023年，美国授权网络安全与基础设施安全局执行《中小型企业韧性供应链风险管理计划》，旨在指导中小企业应对供应链中断风险、增强整体应变能力，并制定《为中小型企业赋能：制定韧性供应链风险管理计划的资源指南》，帮助中小企业制订符合业务需求的数字供应链计划。德国"制造-X"计划提出要降低中小型企业的生产成本与合规成本，降低中小企业与客户和供应商交换数据过程的规则门槛和标准风险，帮助中小企业全面融入数字化转型，确保德国工业的全球领先地位。韩国中小企业风险部发布《新数字制造革新推进2027战略》，计划通过政府、民间、地方三方协作，加快数字化转型，实现制造业创新发展，到2027年培养

---

[1] 新华社：《巴西人工智能应用率居拉美首位》，2023年8月。

25000家数字制造革新企业。

随着数字化转型的深入推进，传统制造企业正在创新生产模式，实现降本提质增效。根据中国国家工信安全中心测算，基于工业互联网平台精准挖掘分析用户需求，实现模块化与个性化设计、柔性化生产、智能仓储和准时交付，能够助力应用企业平均缩短产品交付周期20天，平均减少用料成本10%；通过为工业产品嵌入智能化模块，基于平台开展远程互联和数据分析，推动传统制造企业从出售产品到"产品+数据服务"转变，帮助应用企业实现设备故障率平均降低47.5%，新增业务收入超5000亿元。麦肯锡调查数据显示，在先进行业中，近75%的公司已经采用了数字孪生技术。

3.3.4 服务业数字化转型创新活跃

随着互联网、平台经济、数字技术的普及应用，数字经济对服务业的引领带动能力在不断提高。一方面，以数字技术为主体的信息技术服务业快速发展，成为服务业成长的重要动力。另一方面，数字技术不断与服务业各领域融合渗透，成为提升服务业质量与效率的重要手段，使数字化、高质量的服务业供给可以覆盖更多人民群众。

在医疗领域，数字医疗快速发展，全球卫生健康领域经历深刻变革。一方面，人工智能技术应用为提高医疗水平、改善医疗服务带来空间。根据埃森哲的研究数据显示，到2026年，人工智能每年可为医疗行业节省超过1500亿美元，其中包括机器人手术400亿美元、虚拟护理助理200亿美元和行政工作流程协助180亿美元。例如，制药公司通过应用人工智能模型，加快药物研发、测试效率，缩短上市周期；机器视觉和AI算法可以辅助分析医学图像，从而发现心脑血管等疾病的早期预警。另一方面，在线诊疗、在线报销等方式可以有效节约医疗成本、提高医疗效率。血压监测、心脏监测器等智能设备可以改善临床预后护理，辅助监控病情，同时减轻医院的护理负担。

3.4 金融科技创新发展

伴随区块链、数字支付、人工智能等前沿技术创新应用，金融科技领域投融活跃，产业得到迅速发展，金融服务模式逐渐多元，深刻改变了人们的生活和工作方式。

3.4.1 数字货币研发提速

美国大西洋理事会研究报告显示，目前全球有约130个国家正在考虑推出数字货币，其中有一半国家处在数字货币研发、试点或实施阶段。2023年7月，欧盟委员会公布数字欧元立法提案，提供了新的支付解决方案，希望减少欧洲零售支付市场的碎片化。2024年6月，由国际清算银行（香港）创新中心、泰国银行（泰国央行）、阿联酋中央银行、中国人民银行数字货币研究所和香港金融管理局联合建设的多边央行数字货币桥（mBridge，以下简称"货币桥"）项目宣布进入最小可行化产品（MVP）阶段。[1] 上述司法管辖区内的货币桥参与机构可结合实际按照相应程序有序开展真实交易。货币桥项目致力于打造以央行数字货币为核心的高效率、低成本、高可扩展性且符合监管要求的跨境支付解决方案，通过覆盖不同司法辖区和货币，探索分布式账本技术和央行数字货币在跨境支付中的应用，实现更快速、成本更低和更安全的跨境支付和结算。

3.4.2 数字支付实现普及应用

近年来，平台经济、支付系统的互通性推动了数字支付方式在全球的普及应用。数字支付具有便捷、非接触、灵活性强等优点，使之快速发展。Worldpay发布2024年《全球支付报告》显示，电子钱包已经成为全球范围内最有影响力的支付方式之一，线上份额首次超过50%，数字支付方式预计到2027年复合年均增长率为15%。[2]

数字支付在新兴经济体中逐步推广。谷歌、淡马锡和贝恩公司联合发布的《2023年东南亚数字经济报告》[3]指出，东南亚地区越来越多的消费者接受数字金融服务，数字支付占据该地区交易额的约50%，现金支付所占比重正在不断

---

[1] "多边央行数字货币桥项目进入最小可行化产品阶段"，http://www.pbc.gov.cn/goutongjiaoliu/113456/113469/5370378/index.html，访问时间：2024年6月30日。

[2] "THE GLOBAL PAYMENTS REPORT"，https://worldpay.globalpaymentsreport.com/en#download-report，访问时间：2024年6月30日。

[3] "e-Conomy SEA 2023 report"，https://www.edb.gov.sg/en/business-insights/market-and-industry-reports/e-conomy-sea-2023-report.html，访问时间：2024年6月30日。

下降；越南成为数字支付增长最快的国家之一，2023年数字支付总交易额同比增长19%。数字支付的安全性问题逐步受到重视，2024年6月，印度储备银行（RBI）宣布将创建一个"数字支付智能平台"，将利用人工智能和机器学习等先进技术来识别和减轻欺诈风险。

3.4.3　人工智能引领金融创新

人工智能技术成为推动金融行业发展的重要引擎。贝哲斯咨询的研究数据显示，2024年全球金融科技领域人工智能市场规模约123.3亿美元，预计到2031年其规模将达到613.1亿美元，北美人工智能金融科技市场份额最高。[1] 从应用场景看，AI聊天机器人在金融科技细分市场的规模占比最大，主要源于聊天机器人已成为重要的金融和银行业的智能解决方案，提高客户服务效率及质量，具有较高的安全性。目前，全球金融科技领域人工智能市场主要企业包括亚马逊、思科、谷歌、HCL技术有限公司、IBM等公司。

大模型技术正迅速渗透金融领域，显示出其巨大的应用空间和价值潜力。金融是数据密度、数据质量、数据智能化非常高的行业，国内外主要金融机构和金融科技公司均已经下场布局。例如，摩根大通利用AI预测货币政策，通过AI驱动的大语言模型，学习解读央行官员讲话中透露的信号，来预测利率政策出现变化的可能时间点。[2]

3.5　电子商务持续繁荣

得益于互联网的普及和技术的不断进步，全球电子商务持续保持高速发展态势，带动了物流、支付、广告等相关产业的创新，为中小企业提供了更多的市场机会。整体看来，电子商务软件市场规模持续扩大，头部平台的国际影响力攀升，跨境电商促进全球供应链日益多元。

---

[1] "金融科技领域人工智能发展前景：预计到2031年全球市场规模将达到613.1亿美元"，https://www.marketmonitor.cn/report_blog/204653.html，访问时间：2024年6月30日。

[2] "ChatGPT+金融：国外八大应用案例"，https://www.thepaper.cn/newsDetail_forward_23463837，访问时间：2024年6月30日。

3.5.1 电子商务规模不断提升

市场研究机构eMarketer发布的数据显示，2023年，全球电子商务交易额达5.82万亿美元，预计2024年将同比增长8.8%，达6.33万亿美元。[1] 根据Statista的数据，2023年约有2.5亿美国人在网上购物。随着另外的2000万消费者转向购物应用程序，2024年美国在线消费者总数将超过2.7亿，预计未来4年这一数字将突破3.3亿，美国的电商渗透率将超过96%。[2]

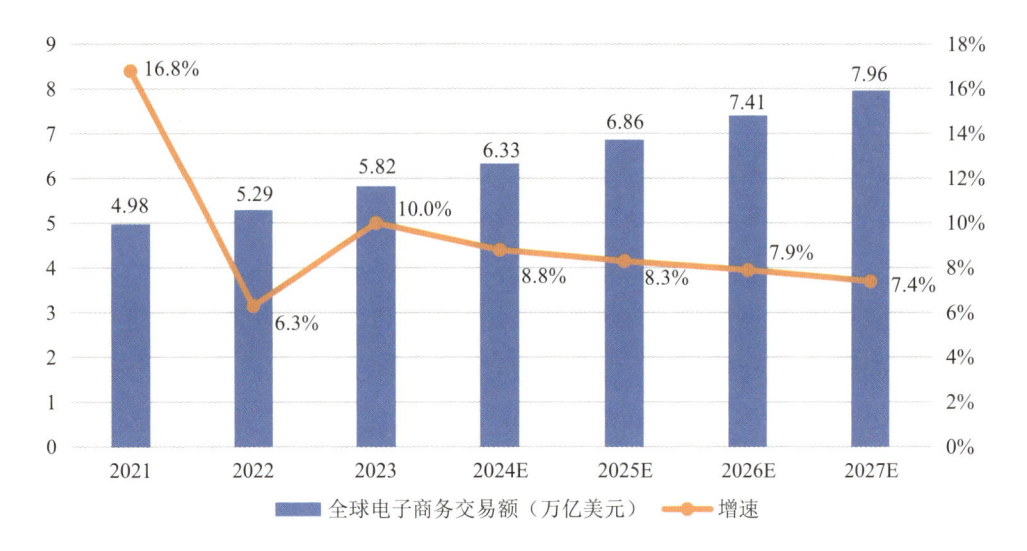

图3-2　2021—2027年全球电子商务交易额及增速

（数据来源：eMarketer；注：E为预测数据）

3.5.2 电商软件市场深度变革

电子商务软件市场正经历着前所未有的扩张与变革，不仅体现在市场规模的扩大上，更在功能、技术和服务等方面展现出显著的进步。

从市场规模来看，据IDC预测数据显示，从2024年至2027年，全球电子商

---

[1] "Worldwide Retail Ecommerce Forecast 2024"，https://www.emarketer.com/content/worldwide-retail-ecommerce-forecast-2024，访问时间：2024年6月30日。
[2] "2024年美国电商渗透率将达到87%，位居全球第一"，https://www.10100.com/newsletter/5508，访问时间：2024年6月30日。

务软件市场规模将从112亿美元增长至165亿美元,平均每年复合年均增长率保持在14%。其中,SaaS应用软件的复合年均增长率保持在18.8%;而本地化电子商务应用软件的复合年均增长率则为负1.2%。[1] 越来越多的企业意识到电子商务对于提升业务效率和拓展市场的重要性,纷纷加大对电子商务软件的投入。

从功能上来看,电子商务软件的功能日益丰富和多样化。早期的电子商务软件主要关注在线交易和支付等基本功能,而现在,已经扩展到了供应链管理、客户关系管理、数据分析等多个领域。2023年,生成式人工智能已跃升为电商领域的一大显著趋势,其深度应用对优化顾客体验、革新库存管理、精准调整定价策略以及个性化营销等环节产生了变革性影响。与此同时,AR技术在电子商务中的地位越发重要,电商平台利用AR技术为客户提供虚拟试用产品的独特沉浸式体验。

3.5.3 跨境电商加速发展步伐

全球跨境电商进入快速发展新阶段,外部需求呈现回暖迹象。在行业增长的背景下,各大平台纷纷调高GMV目标,全球贸易活跃度继续上升。TikTok Shop在2024年200亿美元目标的基础上,预期明年达到500亿美元;Temu2024年或将完成超过140亿美元GMV,并为明年立下300亿美元的目标。跨境时尚零售商希音2023年实现收入增幅约40%,达到322亿美元,超过快时尚巨头Zara和H&M,净利润也大约翻倍至16亿美元,对应约5%的净利润率[2],美国和欧洲各占其大约三分之一销售额,是希音最大的两个市场。

---

[1] "IDC:2024年至2027年全球电子商务软件市场规模将从112亿美元增长至165亿美元",https://finance.jrj.com.cn/2024/04/09141040162689.shtml,访问时间:2024年6月30日。
[2] "年入322亿美元,SHEIN2023年收入超过Zara",https://www.sohu.com/a/786797428_121334945,访问时间:2024年6月30日。

第4章

世界数字政府建设

数字政府建设是数字时代创新政府治理理念和方式的重要举措，对加快转变政府职能，建设民众满意的法治政府、创新政府、廉洁政府和服务型政府具有重大的理论意义和实践价值。近年来数字技术的发展持续推进政府服务革新，政府数据资源的开放共享也促进了国际的数据交流，政务服务持续深入，智慧城市建设不断完善，带动公民数字素养的提升和数字鸿沟的弥合。

4.1 数字政府建设水平逐步提升

数字政府是数字技术、数据赋能双重作用下的新型治理模式，世界各国数字政府建设正蹄疾步稳地发展，大部分地区和国家有关部门"用数据决策、用数据服务、用数据创新"的现代化治理方式有序形成。为更好地应对新一轮科技革命和产业变革为世界数字政府建设带来的挑战与机遇，各国纷纷出台数字政府建设行动计划和战略规划，努力提升数字政府建设水平。

4.1.1 持续完善数字政府建设政策规划体系

为推进政府数字化转型的可持续发展，世界主要地区和国家围绕数字治理目标进行了战略部署。2023年11月，美国农业部（USDA）发布《2024—2026年数据战略》，通过加强企业数据治理和数据领导力、壮大数据和分析员工队伍、扩大通用数据和分析工具集，实现更先进的数据分析功能、更清晰的治理结构、更有效的数据共享，提高机构运营中数据驱动的透明度。[1] 2023年12月，欧盟成员国就《人工智能法案》达成一致协议，该法案是全球首部人工智能领域的全面监管法规，为政府使用人工智能提供了明确的法律依据和指导。[2] 2023年12月，澳大利亚政府发布了数据和数字政府战略，旨在加速APS的数据和数字化转型，明确到2030年，通过世界一流的数据和数字能力为所有人和企业提

---

[1] "美国农业部发布《2024—2026年数据战略》"，https://dsj.hainan.gov.cn/zcfg/gwfg/202312/t20231207_3544354.html，访问时间：2024年6月10日。

[2] "欧盟就《人工智能法案》达成协议"，http://fr.mofcom.gov.cn/article/jmxw/202312/20231203461459.shtml，访问时间：2024年6月11日。

供简便、安全和互联的公共服务的目标愿景。[1] 2024年2月，泰国数字经济与社会部宣布2024年国家数字化转型计划，重点关注云技术、人工智能、数字劳动力以及网络安全等关键领域，将以数字技术为媒支持数字政府运作。[2] 2024年3月，英国政府发布《数字发展战略2024—2030》，提出将优先发展数字公共基础设施和人工智能，旨在实现数字化转型、数字包容、数字责任、数字可持续性的目标，夯实英国数字化发展的基础。[3] 2024年4月，韩国最高民官AI治理机制"AI战略最高协议会"正式成立并召开第一次会议，致力于利用AI技术为弱势群体提供健康管理服务，定制化支持法律、医疗、心理咨询等领域。[4]

近年来，世界各国和地区纷纷加大数字政府建设的投入力度。根据《2024财年美国政府财政预算案》，美国网络安全与基础设施安全局（CISA）增加拨款1.45亿美元，总额达31亿美元，其中4.25亿美元用于提高CISA内部的网络安全和分析能力；司法部拨款的6300万美元用于增强网络威胁应对能力，具体包括扩大人员规模、增强响应能力及情报搜集与分析能力等；财政部拨款2.15亿美元以保护敏感机构系统及数据信息，继续实施零信任架构以避免财政系统受网络攻击，相较2023财年预算水平增加了1.15亿美元，增幅达51%；能源部拨款2.45亿美元，用于加强能源部门的网络安全和复原力，保障清洁能源安全和能源供应链安全。此外，预算为技术现代化基金（TMF）增资2亿美元，投资于IT现代化、网络安全和面向用户的服务，借此推动联邦政府提供卓越、公平和安全的服务/客户体验的能力。2023年9月，韩国企划财政部举行"第六届数字经济论坛"，提出2024年将在人工智能和数字开发领域投入1.2万亿韩元，用于实现医疗、看护等居民日常生活中的数字技术融合。[5] 韩国2024年

---

1 "澳大利亚发布数据和数字政府战略"，http://www.zgdazxw.com.cn/news/2024-03/08/content_344325.html，访问时间：2024年9月9日。

2 "泰国发布2024年数字化路线"，https://www.hawkinsight.com/article/thailand-unveils-2024-digital-roadmap，访问时间：2024年6月11日。

3 "Digital development strategy 2024 to 2030"，https://www.gov.uk/government/publications/digital-development-strategy-2024-to-2030，访问时间：2024年9月9日。

4 "韩政府拟投资近40亿元推动AI常态化应用"，https://cn.yna.co.kr/view/ACK20240404000900881?section=search，访问时间：2024年6月11日。

5 "韩政府明年在人工智能领域投入将超1万亿韩元"，http://kr.mofcom.gov.cn/article/jmxw/202309/20230903438796.shtml，访问时间：2024年6月11日。

数字平台政府（DPG）预算规模达9386亿韩元，较上年大幅增加5179亿韩元（123%）。[1] 同时，韩国政府计划投资7102亿韩元（约合人民币38.3亿元）推动人工智能（AI）常态化应用。[2]

4.1.2 数字政府建设水平成效显著

2023年11月，早稻田大学综合研究机构电子政府及地方政府研究所发布了"第18次（2023年）早稻田大学国际数字政府排名"，其中丹麦连续3年位列第一，加拿大、英国紧随其后，分别位居第二、第三位。除此之外，前十名国家还包括新西兰、新加坡、韩国、美国、荷兰、爱沙尼亚、爱尔兰。2024年4月，瑞士洛桑国际管理学院（IMD）以城市为主要评价对象对各国的数字政府建设成效进行评估，发布了《2024年全球智慧城市指数报告》[3]，将智慧城市指数（SCI）作为衡量一个城市或地区的智慧化建设程度的关键工具。根据报告显示，全球排名前三的城市分别为瑞士苏黎世、挪威首都奥斯陆、澳大利亚首都堪培拉，排名前20的亚洲城市包括北京、台北、首尔、上海和香港。

总体来看，在全球经济全面复苏的大势所趋和世界各国政府的积极投入下，数字政府建设稳步推进，建设水平也得到了显著提升。其中，丹麦在电子政务等方面建设成效显著，爱尔兰、瑞士等国家保持了较高建设水平，韩国、新加坡等亚洲国家表现突出，中东部分国家也迈入高水平行列。数字政府建设的重要性日趋显现，加快政府数字化转型已成为世界各国的普遍共识。

4.2 数字技术持续推进政务服务革新

多国政府积极加快信息基础设施建设，提高数字政府领域的信息基础设施建设与数字技术应用水平，着力完善数字身份建设方案，加快数字货币的研发与监管布局，进一步提升数字政府服务能力。

---

[1] "AI로 자폐 예측하고 노인 건강관리⋯7천억 들여 'AI 일상화'"，https://www.yna.co.kr/view/AKR20240404015000017?section=search，访问时间：2024年9月9日。

[2] "韩政府拟投资近40亿元推动AI常态化应用"，https://cn.yna.co.kr/view/ACK20240404000900881?section=search，访问时间：2024年7月9日。

[3] "新加坡2024年全球智慧城市排名远超其他东盟城市"，http://vn.mofcom.gov.cn/article/jmxw/202404/20240403504071.shtml，访问时间：2024年9月9日。

4.2.1 全球数字政府建设开启智能升级

随着人工智能技术的快速发展，越来越多的国家重视人工智能技术在数字政府领域的重要价值，并积极探索人工智能技术与数字政府建设的结合，以提升政府决策、公共服务、市场监管等方面的科学化与智能化水平。尤其是生成式人工智能技术在数字政府领域的创新应用，通过辅助智能问答提升政务服务效能、辅助智能写作提高政务人员工作效率、决策大模型支撑政府智能决策等方面全方位提升数字政府建设进程。2023年10月，新加坡数字政府办公室（SNDGO）研发名为人工智能政府云集群的专用沙盒模型，以推动更多生成式人工智能应用和使用。[1] 2023年11月，澳大利亚政府通过数字转型机构（DTA）探索在公共服务中安全、负责任地使用生成人工智能，将对Microsoft 365 Copilot进行为期六个月的试用，以期为澳大利亚人民提供更好的政府服务。[2] 2023年12月，希腊数字治理部（MoDG）推出了该国第一个面向公众的聊天机器人mAigov，提供有关各种服务、政策和程序的准确和最新信息，为人们提供了与5000多个政府流程进行交互的简单方式。[3] 2023年12月，阿尔巴尼亚政府发布了人工智能虚拟助理，旨在简化和促进与政府的日常互动，并简化居民的生活。[4] 2024年1月，中国国务院发布《关于进一步优化政务服务提升行政效能推动"高效办成一件事"的指导意见》，提出探索应用自然语言大模型等技术，提升线上智能客服的意图识别和精准回答能力，更好引导企业和群众高效便利办事。2024年5月，美国联邦政府提出将于年底前运营联邦人工智能沙盒，将其应用于国家安全、医疗保健、交通和气候等领域。[5]

---

1 "新加坡数字科技生态，迎来AIGC新引擎"，https://www.sohu.com/a/744924180_121824876，访问时间：2024年7月8日。

2 "Australian Government collaboration with Microsoft on artificial intelligence"，https://www.pm.gov.au/media/australian-government-collaboration-microsoft-artificial-intelligence，访问时间：2024年7月9日。

3 "Greece Launches First-Ever AI Chatbot for Citizens"，https://www.tovima.com/society/greece-launches-first-ever-ai-chatbot-for-citizens/，访问时间：2024年7月9日。

4 "From today virtual assistant in e-Albania, Rama: Within 2024 it will be with voice and image"，https://www.voxnews.al/english/politike/nga-sot-asistent-virtual-ne-e-albania-rama-brenda-2024-do-te-jete-edhe--i55654，访问时间：2024年7月9日。

5 "MITRE to Establish New AI Experimentation and Prototyping Capability for U.S. Government Agencies"，https://www.mitre.org/news-insights/news-release/mitre-establish-new-ai-experimentation-and-prototyping-capability-us，访问时间：2024年7月9日。

4.2.2 数字身份提升政务服务便利水平

数字技术不仅有助于改善政商关系，还有助于改善政民关系，评估表明绝大多数企业认为通过数字化渠道与政府打交道有助于节省成本、提高生产率和产品质量。同时，数字政府可以通过公共部门数据共享来实现民众获取数字服务的"一次性"注册，从而有效减轻民众行政负担。2023年初，巴林政府开发并推出电子钥匙系统，全年共新增约8.4万个电子钥匙用户，认证能力提高到2000万次/年，提高了电子政务服务水平与质量。[1] 2023年9月，肯尼亚政府将开始使用唯一的数字身份证，并将逐步淘汰第二代身份证。数字身份已成为将非洲最偏远社区纳入全球数字经济的关键方式。[2] 2023年11月，澳大利亚政府发布《2023—2030年网络安全战略》，借鉴国际公认的零信任方法，建立整个政府的零信任文化，来保护政府数据和数字财产。[3] 2023年底，澳大利亚议会通过了《2023年身份验证服务法案》，旨在改善数字身份管理，重点关注基于生物识别技术建立安全的数字识别系统，确保澳大利亚数字经济的增长与政务活动的安全进行。[4] 美国政府早在2011年4月公布了网络空间可信身份国家战略（NSTIC），旨在创建一个"身份生态系统"，通过与私营部门、倡导团体、政府机构和其他组织的合作，来改善敏感在线交易的隐私、安全性和便利性；2024年2月，美国国家科学技术委员会发布《关键与新兴技术清单》，在"数据隐私、数据安全和网络安全技术"条目下，列出的具体内容包括分布式账本技术、数字化资产、数字化支付技术、数字身份、生物识别技术以及相关基础设施等。[5]

---

[1] "巴林2023年在电子政务领域取得积极成就"，https://www.investgo.cn/article/gb/fxbg/202404/714034.html，访问时间：2024年9月12日。

[2] "Kenya introduces Maisha Numbers, replacing national ID cards"，https://identityweek.net/kenya-introduces-maisha-numbers-replacing-national-id-cards/，访问时间：2024年9月12日。

[3] "2023-2030 Australian Cyber Security Strategy"，https://www.homeaffairs.gov.au/about-us/our-portfolios/cyber-security/strategy/2023-2030-australian-cyber-security-strategy，访问时间：2024年9月12日。

[4] "Identity Verification Services Bill 2023 [and] Identity Verification Services (Consequential Amendments) Bill 2023"，https://www.aph.gov.au/Parliamentary_Business/Bills_Legislation/bd/bd2324a/24bd24，访问时间：2024年9月12日。

[5] "White House Office of Science and Technology Policy Releases Updated Critical and Emerging Technologies List"，https://www.whitehouse.gov/ostp/news-updates/2024/02/12/white-house-office-of-science-and-technology-policy-releases-updated-critical-and-emerging-technologies-list/，访问时间：2024年9月12日。

4.3 深化公共数据开放共享和跨境流动

随着互联网、大数据、云计算、物联网等新技术新应用的飞速发展，各国正加速进入以数据资源为核心的大数据时代。在这样的时代背景下，信息化是提升政府管理水平和推进服务型政府建设的关键，也是实现政府治理能力现代化的重要方式和促进社会经济繁荣发展的重要推动力。世界各国和地区逐步加大对公共数据资源的开发与利用，深化数据跨境合作与交流。

4.3.1 推进公共数据资源开放共享

大数据时代背景下，政府部门在社会治理和建设服务型智慧政府方面存储有大量的公共数据。对公共数据资源的共享与开放有利于政府跨部门间的团结协作，提高政府部门工作效率，加强数据平台系统间的互联互通，推进数据治理和数据安全防护，为广泛而有效的社会治理和社会服务提供强大助力。随着数字化时代的到来，数据已成为推动现代社会发展的关键资源。2023年11月，欧洲议会通过《数据法》的最终版本，该法案不仅关注数据的流通和利用，还特别强调个人隐私和商业秘密的保护。2024年4月，欧盟正式发布了《数据法》（The Data Act）操作指南，详尽阐述了法规实施过程中的各项细则与规定。指南强调，在特定需求情境下，公共部门可通过获取私营部门数据，增强决策的实证基础。同月，美国商务部发布了关于"人工智能和开放政府数据资产"的信息请求（RFI），旨在了解如何改进商务部开放数据资产的创建、策划和分发方式，实现更好的数据完整性、可访问性和质量，以促进生成式人工智能等AI技术的发展和进步。韩国政府预计在2025年前投入49万亿韩元推进"数字新政2.0"，打造"数据大坝"方便社会公众对公共数据资源的使用。[1]

中国有关部门统筹建立健全国家公共数据资源体系，推进数据跨部门、跨层级、跨地区汇聚融合和深度利用。根据2024年3月发布的第53次《中国互联网络发展状况统计报告》数据，中国现有政府网站13925个，其中，国务院部门及其内设、垂直管理机构共有政府网站542个；省级及以下行政单位共有政府网站13383个。与此同时，公共数据开放平台提质扩容，中国已建成全国一

---

[1] "韩政府将投入2755亿元推进数字新政2.0"，https://cn.yna.co.kr/view/ACK20210722004000881，访问时间：2024年6月11日。

体化政务数据共享枢纽，已接入各级政务部门5951个，发布53个国务院部门的各类数据资源1.35万个，累计支撑全国共享调用超过4000亿次。此外，美国多个州、市和县均建立开放数据站点。通过与非联邦数据源合作，美国官方数据开放平台Data.gov能够将海量数据纳入在目录中，目前共有132个开放数据站点建成并对公众开放。[1] 对Data.gov平台目录的搜索能够返回来自联邦和非联邦来源的相关数据集。截至2024年7月，Data.gov平台已开放数据集资源达29.8万个，这些数据集来自世界各地100个组织，每月有超过100万的浏览量。[2] 欧盟各国也积极推进公共数据资源开放。欧盟现有开放平台数据资源来自奥地利、比利时、保加利亚、克罗地亚等多个国家，现有数据集总量达到175.2万个，其中包括农林渔、经济金融、能源和环境等14个主题。[3]

4.3.2 深化跨境数据资源流动共享

2023年5月，欧盟和东盟共同发布《东盟示范合同条款和欧盟标准合同条款的联合指南》，旨在帮助跨东盟和欧盟地区运营的企业了解两地合同条款之间的相似性和差异性，为两地之间数据跨境传输释放积极信号。[4] "数据桥梁"是英国政府与其认为的拥有"充分"数据保护制度的国家建立的数据框架，并允许个人数据从英国自由流向这些国家（无需额外的保护措施）。[5] 2023年9月，英国政府宣布新的"英美数据桥梁"，英国科学、创新和技术部（DSIT）公布《2023年数据保护（充分性）（美利坚合众国）条例》，确认了"英美数据桥"的效力。数据桥的建立意味着个人和企业能够以更便捷的方式、更低的成本、更自由地实现数据从英国流向美国，对于促进跨大西洋数据流动有着重要的作用。[6] 此外，英国政府计划2024年与迪拜国际金融中心（DIFC）和新加坡

---

1 "Open Government"，https://data.gov/open-gov/，访问时间：2024年7月15日。
2 "DATA.GOV"，https://data.gov/，访问时间：2024年7月15日。
3 "European data"，https://data.europa.eu/catalogue-statistics/currentState/countries?locale=en，访问时间：2024年7月15日。
4 "JOINT GUIDE TO ASEAN Model Contractual Clauses and EU Standard Contractual Clauses"，https://www.dataguidance.com/sites/default/files/final_joint_guide_to_asean_mcc_and_eu_scc.pdf，访问时间：2024年9月9日。
5 "英国2024：技术、数据隐私、网络安全和知识产权发展"，http://ipr.mofcom.gov.cn/article/gjxw/lfdt/oz/qtoz/202402/1984113.html，访问时间：2024年6月11日。
6 "合规预警｜英国政府宣布英美数据桥将于10月12日生效"，https://static.nfapp.southcn.com/content/202311/13/c8295679.html，访问时间：2024年6月11日。

建立额外的数据桥梁。2024年1月，欧盟理事会宣布和日本签署跨境数据流动协议，将跨境数据流动条款纳入《欧盟—日本经济伙伴关系协定》中。该协定旨在为欧盟与日本之间的数据跨境流动提供法律保障，从而防止其受到数据本地化措施的阻碍，并确保欧盟和日本之间的数据流动，可以根据数据保护和数字经济规则合法受益。[1] 2024年3月，欧盟理事会和欧洲议会就欧洲健康数据空间（EHDS）拟议法规达成临时协议，将允许患者在欧盟任何地方访问其健康数据，同时还为出于重要的公共利益原因而进行的科学研究提供丰富的安全数据。[2] 同月，中国出台《规范和促进数据跨境流动规定》，旨在保障国家数据安全，保护个人信息权益，进一步规范和促进数据依法有序自由流动。[3]

4.4 在线政务服务与智慧城市建设达到新高度

随着数字技术的不断更新迭代，各国努力建设一体化政务服务平台，持续提升政务服务效能，促进政务服务模式改革，成为转变政府职能的一项重大举措。在线政务服务的不断发展有利于营造便利环境，降低准入门槛，对于进一步激发市场活力和社会创造力具有重要意义。同时，新型智慧城市是城市建设新风向，智慧城市可实现的功能与场景已经越发完善。从城市建设的需求及数字孪生技术特点来看，数字孪生技术能够为智慧城市建设提供更为多元化的解决方案。

4.4.1 在线政务服务水平逐步提升

在线政务的发展不仅是政府服务方式的创新，也是推动公民网络参与、促进社会民主化进程的重要力量。根据阿曼交通、通信和信息技术部发布的"2023年数字化转型年度报告"显示，2023年政府数字化转型计划整体绩

---

1 "EU-Japan: the Council approves a protocol to facilitate free flow of data"，https://www.consilium.europa.eu/en/press/press-releases/2024/04/29/eu-japan-the-council-approves-a-protocol-to-facilitate-free-flow-of-data/，访问时间：2023年7月3日。
2 "European Health Data Space: Council and Parliament strike deal"，https://www.consilium.europa.eu/en/press/press-releases/2024/03/15/european-health-data-space-council-and-parliament-strike-provisional-deal/，访问时间：2024年6月11日。
3 "促进和规范数据跨境流动规定"，https://www.gov.cn/gongbao/2024/issue_11366/202405/content_6954192.html，访问时间：2024年6月11日。

效达53%，实现207项服务数字化，推出一系列提供独特用户体验的新数字平台，包括社会保障服务门户网站、志愿者"Joud"平台、进行公证服务的"Tawtheeq"系统等。[1] 2023年12月，泰国政府为方便民众获取政府公开信息，便利政府与民众沟通交流，整合并依法建立数据库，共享和同步更新许可证、证明文件等信息，目前已有95家政府机构连入该网络。[2] 2023年12月，巴林完成电子钥匙系统的开发与使用、政府客户服务系统的更新与上线，以及云计算系统备份用户文件和数据项目的实施，提高了电子政务服务水平与质量，改善了政府机构提供的服务，促进了智慧政府建设。[3] 2024年1月，越南发布电子政务架构框架3.0版文件，与之前的2.0版相比提供了电子政务总体图，补充了电子身份认证平台、系统及其开发和使用规定等。[4] 2024年4月，加蓬过渡政府正式启动Digitax Gabon数字化税收平台，平台投入使用后，企业可通过互联网缴纳税款，无需线下前往税务中心办理业务，线上平台的启用有利于完善对企业纳税管理，今后，在小企业和个人税务中心（CIPEP）办理业务的纳税人也将受益于该线上系统。[5] 2024年5月，乌兹别克斯坦政府推出出口企业电子服务平台，涵盖银行金融、税务、报关及检疫、补贴及优惠、公用事业、许可证和配额、物流运输等领域有关业务，为出口型企业提供一站式线上服务。[6]

在公民网络参与方面，各国政府不断提高政府组织的流程效率，拓宽民众协同参与治理的渠道，加强数字政府治理框架体系和提高政府数字化服务能力，极大地促进了公民网络参与程度。例如，约旦政府推出了电子政务门户Sanad应用程序，并持续更新在线服务项目，该程序目前已经有300多万的公民

---

[1] "2023年阿曼政府数字化转型计划整体绩效达53%"，http://om.mofcom.gov.cn/article/jmxw/202407/20240703520592.shtml，访问时间：2024年9月9日。

[2] "泰支持数字政府建设"，http://th.mofcom.gov.cn/article/jmxw/202401/20240103464747.shtml，访问时间：2024年9月9日。

[3] "巴林2023年在电子政务领域取得积极成就"，http://bh.mofcom.gov.cn/article/ddgk/202404/20240403487559.shtml，访问时间：2024年9月9日。

[4] "越南更新电子政务架构框架"，http://vn.mofcom.gov.cn/article/jmxw/202401/20240103465420.shtml，访问时间：2024年9月9日。

[5] "加蓬过渡政府启动Digitax Gabon数字化税收平台"，http://ga.mofcom.gov.cn/article/jmxw/202404/20240403502110.shtml，访问时间：2024年9月9日。

[6] "乌兹别克斯坦政府推出出口企业电子服务平台"，http://uz.mofcom.gov.cn/article/jmxw/202405/20240503514022.shtml，访问时间：2024年9月9日。

进行下载与使用[1]，中国作为亚洲的电子政务发展大国，其在线政务服务用户规模庞大，截至2023年12月，中国在线政务服务用户规模达9.73亿，占网民整体的89.1%；全国一体化政务服务平台平稳运行，实名注册用户占网民整体的比例提升至接近90%[2]，目前，政务服务事项网上可办率达到90%以上，92.5%的省级行政许可事项实现网上受理和"最多跑一次"。

4.4.2 数字孪生技术重塑智慧城市与多领域应用新篇章

目前，数字孪生城市呈现良好的发展态势，全球政策从战略框架向系统性落地推进，市场规模呈现平稳增长，学术科研持续活跃，数据重构、技术引擎开放融合发展趋势明显，标准化工作加速推进，产业界"组团式"共创合作生态，各地区高度重视城市数字孪生底座建设。2023年9月，英国发布《2035年交通数字孪生愿景和路线图》，明确"数字孪生+交通"具体任务、建设主体及时序等[3]，为英国多种出行方式沟通的交通网络提供值得信赖的互联数字孪生生态系统。2023年12月，欧盟委员会通过了"数字欧洲计划"2024年工作计划，旨在加强欧洲的技术主权，为公民、公共行政部门和企业提供数字解决方案，为实现"欧洲绿色新政"目标做出贡献，同时将为实施欧盟《人工智能法案》和欧洲人工智能生态系统的发展提供新的支持。[4] 欧洲各城市纷纷开始智慧城市建设项目。意大利佛罗伦萨确定绿色低碳为建设智慧城市的主要方向，提出到2030年碳排放比2010年降低40%的目标，如通过智能电网、智能照明等提高城市郊区的能源利用效率，积极运用智能化技术提升交通运行效率等。法国南特将经济发展、居住环境改善、能源及生态转型和技术创新作为南特建设智慧城市的3个优先领域，并积极建设开放、共享的数据资源体系，奠定智能化发展基础。

---

1 "SANAD"，https://www.sanad.gov.jo/default/en，访问时间：2024年9月9日。

2 "第53次中国互联网络发展状况统计报告"，https://www.cnnic.cn/NMediaFile/2024/0325/MAIN1711355296414 FIQ9XKZV63.pdf，访问时间：2024年9月9日。

3 "TRIB—Digital Twin Roadmap 2035"，https://trib.org.uk/roadmap，访问时间：2024年9月9日。

4 "Over €760 million investment from the Digital Europe Programme for Europe's digital transition and cybersecurity"，https://digital-strategy.ec.europa.eu/en/news/over-eu760-million-investment-digital-europe-programme-europes-digital-transition-and-cybersecurity，访问时间：2024年9月9日。

数字孪生技术在应急响应与危机管理、监测运河和预防洪水等特定领域的技术应用方面发挥着越来越重要的作用。欧盟于2023年在"数字欧洲计划"里支持"数字孪生地球"项目，建立绿色协议数据空间和数字产品护照，应对气候和环境保护挑战，由法国气象局率领22个欧洲国家相关机构共同实施"极端天气事件数字孪生系统"项目。[1] 2024年4月，中国水利部印发《2024年数字孪生黄河建设工作要点》，明确7个方面36条数字孪生黄河建设年度重点工作。[2] 同月，中国水利部印发《关于推进水利工程建设数字孪生的指导意见》的通知，以更好地提高水利工程建设智能建造和智慧管理水平。[3]

4.5 消除数字壁垒、加快信息基础设施建设和提高数字素养仍是主要发展战略

目前，联合国、世界银行、国际货币基金组织、世界贸易组织等在内的各大国际组织均在开展数字经济治理相关工作，以制定网络空间国际规则、提升全球治理能力、促进经济文化和社会的可持续发展、消除数字鸿沟和数字壁垒为主要目标。

4.5.1 加快信息基础设施体系现代化进程

随着新一轮科技革命和产业变革加速演进，主要国家均将信息基础设施建设作为实现产业升级和创新发展的重要保障，大力发展信息基础设施已成为各国激活新应用、拓展新业态、创造新模式的物质基础。当前，全球范围内不同类型的信息基础设施发展存在差异，网络基础设施建设推进较早，算力基础设施建设持续进行。根据美国半导体行业协会（SIA）公布数据，截至2024年

---

[1] "Over€760 million investment from the Digital Europe Programme for Europe's digital transition and cybersecurity", https://digital-strategy.ec.europa.eu/en/news/over-eu760-million-investment-digital-europe-programme-europes-digital-transition-and-cybersecurity，访问时间：2024年9月9日。

[2] "黄河水利委员会部署2024年数字孪生黄河建设重点工作", http://www.mwr.gov.cn/ztpd/2022ztbd/szlslyjs/glyjsfwfb_32213/202404/t20240410_1709027.html，访问时间：2024年9月9日。

[3] "水利部印发《关于推进水利工程建设数字孪生的指导意见》的通知", http://slgcjs.mwr.gov.cn/flgz/202404/t20240421_1743702.html，访问时间：2024年9月9日。

4月，全美各地宣布了80多个半导体相关的新项目，吸引了共计4470亿美元的投资，包括37个新芯片制造厂的建设、21个现有制造厂的扩建、2个新先进封装设施、2个现有先进封装设施的扩建，以及提供芯片制造关键材料和设备的设施等。[1] 2024年12月，芬兰运营商DNA在赫尔辛基总部召开发布会，展示了欧洲首个基于现网的5.5G技术应用，现网移动网络速度突破10Gbps，并且通过移动网络进行无源物联（Passive IoT）应用的展示，开启了欧洲基础设施在移动产业新征程。[2] 2024年5月，亚马逊旗下的云计算部门AWS宣布为德国投资78亿欧元（约84.4亿美元），推动欧洲的云计算基础设施建设。该投资计划为高度受监管的行业提供数据存储解决方案，确保政府和企业客户的信息得到保护。[3]

各国持续加快数字政府建设步伐。以云为代表的政府信息基础设施建设不断优化升级，容器、微服务等云原生技术在政务云建设中逐步被应用，不断提升数字政府建设运行的"韧性"。例如，中国政府加快信息基础设施建设，目前全国31个省（区、市）和新疆生产建设兵团云基础设施基本建成，超过70%的地级市建设了政务云平台，并逐步实现政务信息系统迁移上云，集约化的建设格局初步形成。2024年3月18日，英国政府发布《数字发展战略2024—2030》，提出要开发新的数字公共基础设施项目，与伙伴国家分享英国在公共服务数字化方面的经验；与二十集团成员和其他主要利益相关方，就数字公共基础设施建设原则及组织模式建立高级伙伴关系。[4]

4.5.2 积极消除数字鸿沟、促进数字均等

2023年11月，国际电信联盟发布的《2023年事实与数据》报告显示，目前

---

[1] "Emerging Resilience in the Semiconductor Supply Chain", https://www.semiconductors.org/wp-content/uploads/2024/05/Report_Emerging-Resilience-in-the-Semiconductor-Supply-Chain.pdf，访问时间：2024年7月10日（该报告发布时间：2024年5月）。

[2] "5.5G在欧洲突破，DNA首次将5.5G技术引入现网"，http://www.cww.net.cn/article?id=585558，访问时间：2024年7月10日。

[3] "亚马逊AWS宣布将在德国投资78亿欧元建设欧洲云计算基础设施"，https://www.guandian.cn/article/20240515/407501.html，访问时间：2024年7月10日。

[4] "英《数字发展战略2024—2030》优先发展数字公共基础设施和人工智能"，https://ecas.cas.cn/xxkw/kbcd/201115_145094/ml/xxhzlyzc/202404/t20240430_5013328.html，访问时间：2024年7月9日。

全球互联网用户已增至54亿人,比2022年增长了4.7%。互联网的使用与一个国家的社会经济发展水平密切相关。在高收入国家,2023年有约93%的人口为互联网用户;在低收入国家,仅有27%的人口使用互联网。此外,城乡互联网覆盖程度相差较大,81%的城市居民使用互联网,是农村地区互联网用户比例的1.6倍。5G网络的全球分布同样不均衡,高收入国家89%的人口已被5G网络覆盖,而在许多低收入国家,4G网络只能覆盖39%的人口,3G通常是连接互联网的唯一途径。[1]

当前非洲大陆互联网普及率不到47%。为促进地区数字发展进程,在世界银行的支持下,非洲联盟制定出一项雄心勃勃的数字化"登月计划",为广大民众提供高速互联网连接,为促进数字经济繁荣夯实根基。[2] 2023年11月,世界银行批准了一项投资2.665亿美元的西非地区数字一体化计划,旨在改善冈比亚、几内亚、几内亚比绍和毛里塔尼亚的互联网接入,促进西非单一数字市场的发展,使该地区的互联网服务更加经济实惠、信息基础设施得以改善,同时为更多群体如妇女、残疾人等提供就业和获取服务的新机会。[3]

发达国家和发展中国家之间的数字鸿沟还存在于AI技术的使用与发展中。2024年3月,联合国大会投票通过了第一个有关人工智能(AI)的决议草案,旨在确保发展中国家拥有人工智能的技术与能力,弥合国家之间和国家内部的人工智能鸿沟和其他数字鸿沟。[4] 2024年1月,美国联邦教育部教育技术规划办公室发布了《关于消除教育的数字访问、设计与使用鸿沟的行动倡议——2024年国家教育技术规划》,通过广泛撷取美国各州、学区和学校的最新案例,为如何有效缩小或消除数字鸿沟给出了相应的示范。[5]

---

1 ITU:"Measuring digital development: Facts and Figures 2023",https://www.itu.int/itu-d/reports/statistics/2023/10/10/ff23-internet-use/,访问时间:2024年6月11日(该报告发布时间:2023年11月27日)。

2 "加强全球协作 弥合数字鸿沟(国际视点)",http://world.people.com.cn/n1/2024/0112/c1002-40157321.html,访问时间:2024年6月11日。

3 "加强全球协作 弥合数字鸿沟(国际视点)",http://paper.people.com.cn/rmrb/html/2024-01/12/nw.D110000renmrb_20240112_1-16.htm,访问时间:2024年6月11日。

4 "联合国大会通过里程碑式决议,呼吁让人工智能给人类带来'惠益'",https://news.un.org/zh/story/2024/03/1127556,访问时间:2024年6月11日。

5 "美国发布《2024年国家教育技术计划》",https://cice.shnu.edu.cn/3b/fc/c26051a801788/page.htm,访问时间:2024年6月11日。

4.5.3 构建数字素养教育的全链条

全球各国和地区公民的数字素养水平参差不齐，体现出一定的地域特性。欧美发达国家是数字素养研究的主要阵地，这与其信息化发展水平较高、较早重视国民数字素养培育有关。发达国家和地区相对而言对数字素养培育较为重视，各国现行数字素养教育体系以高校研究机构和图书馆为依托，面向学校和社区采取不同的分众化培养模式，为学生提供专业与通识教育，面向社会提供数字素养资源支持和网络慕课等公开培训资源。美国、日本、欧盟等发达国家和地区将联合国制定的标准嵌入本土数字素养教育，形成了较为体系化且符合本国需要的发展模式。[1]

2023年6月，新西兰政府宣布将出台为期10年的《互联Ako：数字化和数据学习》（Connected Ako: Digital and Data for Learning）战略，旨在指导新西兰教育机构的数字化，培养学习者和教育者在数字世界生活、学习和工作中的数据能力。[2] 2024年4月，芬兰教育与文化部发布了《2027年数字化教育与培训政策》，系统绘制了数字化教育未来愿景，并明确了具体行动和职责分工。该政策提出来的三大目标包括：使数字化为高质量学习和能力发展提供平等机会；利用数字技术创造可交互的数字教育环境以支持参与者合作；利用数字化支持知识型教育部门的发展。[3] 2024年2月，中国中央网信办、教育部、工业和信息化部、人力资源社会保障部联合印发《2024年提升全民数字素养与技能工作要点》，明确到2024年底，中国全民数字素养与技能发展水平迈上新台阶，数字素养与技能培育体系更加健全，数字无障碍环境建设全面推进，群体间数字鸿沟进一步缩小，智慧便捷的数字生活更有质量，网络空间更加规范有序。[4]

---

[1] 张静，回雁雁：《国外高校数字素养教育实践及其启示》，《图书情报工作》，2016年第11期，第44—52页。

[2] "Connected Ako: Digital and Data for Learning"，https://www.education.govt.nz/news/connected-ako/，访问时间：2024年9月12日。

[3] "Digital transformation supports equal opportunities for learning and development—new common policies to increase cooperation"，https://okm.fi/en/-/digital-transformation-supports-equal-opportunities-for-learning-and-development-new-common-policies-to-increase-cooperation，访问时间：2024年9月12日。

[4] "四部门联合印发2024年提升全民数字素养与技能工作要点"，http://www.moe.gov.cn/jyb_xwfb/s5147/202402/t20240223_1116362.html，访问时间：2024年7月5日。

第5章

世界互联网媒体发展

2024年全球互联网媒体行业增势加快，不仅用户数量保持增长，同时各大平台发展出独特优势，在不同赛道上"并驾齐驱"。以在线音频、短视频、在线游戏和网络文学为代表的多种媒介样态百花齐放，推动全球互联网媒体生态格局的日趋多元。智能终端的加速接入赋予了人们互联网媒体的消费新渠道，并将成为互联网媒体产业创新的重要方向。

过去一年，互联网媒体在技术革新和冲突频发中呈现出几大热点议题：生成式人工智能技术向更快速、更逼真和多模态转变，带来了互联网媒体内容生产的全流程重塑与伦理规制风险并存；全球地缘矛盾与冲突不断，地缘冲突"网络认知战"中各互联网媒体呈现出诸多新动向；2024年被称为"全球大选年"，互联网媒体成为选举宣传的重要决斗场；巴黎奥运会备受全球瞩目，多层次报道方案制订与推进在互联网媒体的舞台上大放异彩。

面向全球不同国家和地区的文化语境，各大互联网媒体在完善相关基础设施和不断加强技术创新的基础上，根据所在地的用户媒介偏好与习惯进行内容生产与传播，呈现出整体互鉴又独具地域特色的不同特征，构成了全球互联网媒体发展地区分布的多元格局。

5.1 全球互联网媒体发展整体态势

过去一年，全球互联网用户及活跃社交媒体用户增势加快，但仍在地区和性别层面存在较大的数字鸿沟。互联网媒体的整体使用时长有所回落，但人们对社交媒体的使用兴趣不减。各大社交媒体巨头齐头并进，脸书（Facebook）、TikTok、照片墙（Instagram）分别占据用户总量、用户平均使用时长、社交平台喜爱度排行榜的第一。流媒体在过去一年发展势头强劲，以声田（Spotify）播客为代表的在线音频市场不断扩大，TikTok、奈飞（Netflix）等视频平台持续发力，以Roblox和《原神》等为代表的在线游戏产业增长迅猛。全球网络文学规模持续扩大，以起点国际（WebNovel）为代表的中国网文平台出海进程加速。随着新兴技术的融合应用，智能手表、头戴式设备、智能眼镜等智能终端加速接入，在全球市场表现出强劲的增长势头。

5.1.1 全球互联网媒体增势加快

截至2024年4月，全球互联网用户攀升至54.4亿，年增幅3.4%。目前，全球互联网用户占世界总人口的67.1%（即普及率），意味着世界上三分之二的人可接入互联网，用户总量已达"绝对多数"，成为"数字平权"进程的里程碑节点。尽管目前传统电视（即不通过互联网传送的电视内容）的全球普及率为68.1%，但其增长率不及互联网。若互联网用户仍保持当下增速，预计互联网普及率将在2025年上半年超过电视覆盖率，迎来媒体格局的重大转折点。在庞大的互联网用户群中，活跃社交媒体用户达到50.7亿，占世界总人口的62.6%，较去年同比增长5.4%，增长势头加快（见图5-1）。而从互联网用户的具体分布来看，地区和性别两大维度均存在显著的数字鸿沟。就地区而言，互联网用户增长大头多集中在亚洲。中国在过去一年新增2700万互联网用户，巴基斯坦新增2400万，印度尼西亚新增1600万。但在互联网用户的绝对数量方面，南北方国家呈现极不平衡的分布态势。互联网普及率超过99%的11个国家集中在欧洲和北美，低于25%的12个国家则集中在非洲和拉丁美洲。[1] 有观点认为，这主要是因为南方国家受到武装冲突、电力供应不足、设备和数据价格昂贵的影响，硬件条件缺失，文化素养低、数字技能差等软性劣势又进一步加剧落后局面。全球移动互联网行业研究机构GSMA Intelligence发布《2023年移动互联网连接状况报告》显示，在埃塞俄比亚的1.28亿人口中，仍近一半（46%）不知道可以通过手机访问互联网。[2] 就性别而言，男性的互联网普及率比女性高出5.4个百分点，这一差距在全球南方国家更为突出。据上述报告显示，数字性别鸿沟在南亚最为明显，女性使用移动互联网的可能性比男性低41%。[3] 据孟加拉国统计局调查，国内超半数女性认为缺乏"许可"是她们不使用互联网的主要原因。[4]

---

[1] "DIGITAL 2024 APRIL GLOBAL STATSHOT REPORT", https://datareportal.com/reports/digital-2024-april-global-statshot, 访问时间：2024年6月15日。

[2] "THE STATE OF MOBILE INTERNET CONNECTIVITY REPORT 2023", https://www.gsma.com/r/somic/?utm_source=kepios&utm_medium=partner, 访问时间：2024年6月15日。

[3] "INTERNET USE IN 2024", https://datareportal.com/reports/digital-2024-deep-dive-the-state-of-internet-adoption, 访问时间：2024年6月15日。

[4] "INTERNET USE IN 2024", https://datareportal.com/reports/digital-2024-deep-dive-the-state-of-internet-adoption, 访问时间：2024年6月15日。

图5-1　2024年初全球互联网和社交媒体用户规模（单位：人）

全球互联网使用时长与去年同期持平。截至2024年4月，全球互联网用户每日平均使用时间在2024年1月出现短期增长后，再次回落至6小时35分钟。[1] 这一方面可能是由于新冠疫情后的互联网倦怠仍在延续，另一方面则是互联网的低质化内容泛滥（如虚假信息、垃圾邮件、社交机器人等）[2]，难以满足用户的信息需求，从而削弱了人们上网的欲望。其中，受互联网媒体使用时长整体回落的影响，全球用户每日使用社交媒体的平均时长同比减少了4分钟，但这并不代表人们对社交媒体的兴趣有所减弱，超过三分之一的上网时间仍属于社交媒体平台。从地域分布来看，社交媒体使用时长排名前三的国家分别为肯尼亚、南非、巴西（见图5-2）。欧洲人在社交媒体上花费的时间远少于非洲、亚洲和拉丁美洲等南方国家。[3] 有观点认为，其一是南方国家娱乐设施相对落后，数字技术应用较为单一，社交媒体因而成为一种有趣且易得的娱乐来源；其二是南方国家人口结构年轻，有更多热衷于线上交流的年轻人活跃于社交媒体平台。

从社交媒体平台发展格局来看，各大社交媒体领先企业各具优势、平分秋色。截至2024年4月，脸书稳居用户数第一，脸书总裁表示，将继续对两大维度进行优化：一是通过调整核心产品解决年轻消费者诉求，例如在

---

[1] "DIGITAL 2024 APRIL GLOBAL STATSHOT REPORT", https://datareportal.com/reports/digital-2024-april-global-statshot，访问时间：2024年6月16日。

[2] "SOCIAL INTERNET IS DEAD. GET OVER IT", https://om.co/2023/10/15/social-internet-is-dead-get-used-to-it/，访问时间：2024年6月16日。

[3] "DIGITAL 2024 APRIL GLOBAL STATSHOT REPORT", https://datareportal.com/reports/digital-2024-april-global-statshot，访问时间：2024年6月16日。

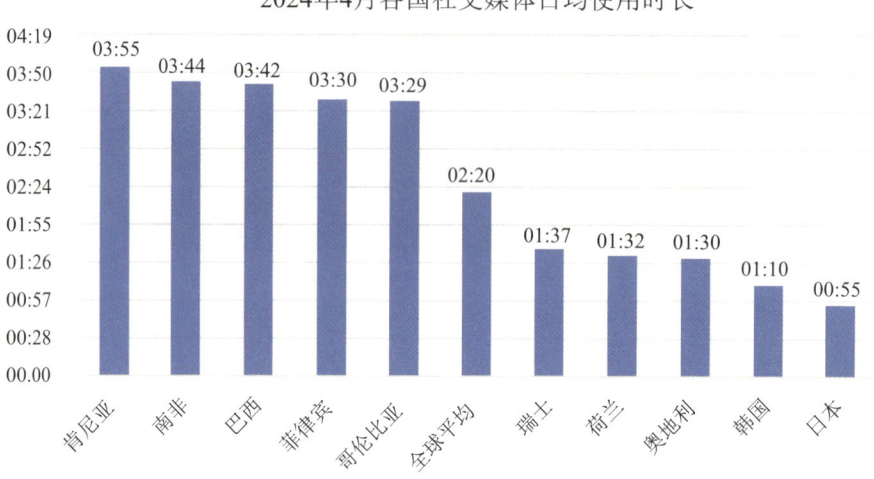

2024年4月各国社交媒体日均使用时长

肯尼亚	03:55
南非	03:44
巴西	03:42
菲律宾	03:30
哥伦比亚	03:29
全球平均	02:20
瑞士	01:37
荷兰	01:32
奥地利	01:30
韩国	01:10
日本	00:55

图5-2　2024年4月各国社交媒体日均使用时长排名（前五名、全球平均和后五名）

Marketplace寻找优惠家具，借助Reels（短视频信息流）和Groups（群组）与当地社区及小型企业建立联系；二是提升人工智能效力，更新已在Facebook Reels试点成功的推荐技术，依托Meta Llama大模型产品构建全球领先的生成式人工智能模型，帮助用户广泛探索和深入了解更多内容。[1]随着"新秀"平台在近年的进一步发展，后来居上的TikTok已超过众多"老牌"对手，位列用户平均使用时长的榜首。用户每天使用TikTok的时间高达47分钟，这不仅源自其引人入胜的短视频和各种有趣的流行挑战（challenge）[2]，更在于它超越了平台定位，被广大创作者视作"一个社区、一条展示创意的途径和一种创收手段"[3]。然而，频繁针对TikTok的禁令风波或导致流失的用户群转向功能类似的Instagram Reels和YouTube Shorts，遭遇收入冲击的内容创作者不得不开拓跨平台的多元化业务，许多替代性的本土短视频应用应运而生，如印度Verse Innovation公司推出的Josh、尼泊尔Idea Jar公司推出的Ramailo。而从社交平台

1　"THE FUTURE OF FACEBOOK"，https://about.fb.com/news/2024/05/the-future-of-facebook/，访问时间：2024年6月16日。

2　"HOW MUCH TIME DO PEOPLE SPEND ON SOCIAL MEDIA？（2024）"，https://www.doofinder.com/en/statistics/time-spent-on-social-media，访问时间：2024年6月16日。

3　"HOW A POTENTIAL TIKTOK BAN WILL IMPACT CREATORS ANS BRANDS"，https://www.forbes.com/sites/amandamarcovitch1/2024/05/10/how-a-potential-tiktok-ban-will-impact-creators-and-brands/，访问时间：2024年6月17日。

喜爱度来看，占据首位的是照片墙。据调查，全球近六分之一的互联网用户表示照片墙是他们最喜欢的社交平台，几乎是喜欢TikTok的人的两倍之多。[1]这一平台偏好与年龄及性别差异有关。从全球范围来看，16至24岁的女性更喜爱照片墙而非TikTok的可能性约为60%，同年龄段的男性喜爱照片墙而非TikTok的可能性则远超出同年龄段女性。不过，印度施行的TikTok禁令对上述数据（尤其是对年轻女性）具有一定影响。分析表明，如果印度的"Z世代"女性能够不受限制地使用TikTok，我们可能会看到该人群对TikTok和对照片墙的喜爱度相近。[2]

在社交媒体平台中，X（原推特）的处境最为堪忧。推特（Twitter）自更名为"X"后负面消息频传，譬如大规模裁员、广告商出走、现金流入不敷出，以及由巴以冲突引爆的假消息和反犹争议。经有关方面调查，X平台2023年9月每日登录的用户数量同比减少了13%，来自X约75%的流量都是假的，而来自TikTok、脸书和照片墙的流量中仅不到3%为假。[3]具体来看，当前的X平台深陷内外多重困境：该平台充斥着马斯克狂热粉丝和社交机器人发布的"僵尸内容"；因政治立场问题致使广告商投入减少；X新推行的分润机制允许创作者分得贴文回复下的广告收益，进一步诱使其转发易产生互动的煽动性内容，使得假消息更加猖獗。欧盟对X平台的透明度与内容监管展开了严厉调查，若X遭认定违反《数字服务法》，最高可能面临全球年营收6%的罚金。另外，X面临比以往任何时候都要激烈的外部竞争。脸书母公司元（Meta）对标X（原推特）推出竞品Threads，不仅能直接同步照片墙的用户和粉丝，同时兼具推特发布公共信息、创造实时讨论空间的属性，被业内称作"推特杀手"。[4]也有部分观察者指出，即便有用户已完全转至Threads、

---

[1] "NO, SOCIAL MEDIA IS STILL NOT DYING IN 2024"，https://datareportal.com/reports/digital-2024-deep-dive-social-media-is-still-growing?utm_source=Global_Digital_Reports&utm_medium=Analysis_Article&utm_campaign=Digital_2024&utm_content=Digital_2024_Analysis_And_Review，访问时间：2024年6月17日。

[2] "DIGITAL 2024 APRIL GLOBAL STATSHOT REPORT"，https://datareportal.com/reports/digital-2024-april-global-statshot，访问时间：2024年6月17日。

[3] "CAN ANYTHING SAVE X NOW? A DEEP DIVE INTO X AD UPDATES AND MORE"，https://sociallypowerful.com/post/x-updates-march-2024，访问时间：2024年6月17日。

[4] "TWITTER'S FUTURE IS IN DOUBT AS THREADS TOPS 100 MILLION USERS"，https://edition.cnn.com/2023/07/10/tech/twitter-threads-future/index.html，访问时间：2024年6月17日。

Bluesky等平台，大量用户（无论是否情愿）仍未放弃X。只要聚众力仍在，广告商就有回归的可能。在2024新年度计划中，X提出以AI优化用户体验，加大对内容创作者的分成力度，并推出点对点支付服务，向"万能应用程序"（Everything APP）的目标继续迈进。[1]

5.1.2 流媒体发展势头强劲

近年来，在线音频市场不断扩大，播客市场规模呈指数级增长。市场研究机构Research and Markets发布的报告预测，全球播客市场将从2023年的277.3亿美元增长到2024年的366.7亿美元。[2] 国际网络市场调查和数据分析公司YouGov的最新播客听众统计数据显示，40%的人表示他们每周收听播客超过一小时，10%的人每周收听播客超过10小时。[3] 从区域国别来看，亚太地区市场播客收听率很高，五个市场（印度尼西亚、泰国、印度、越南和菲律宾）每周收听播客超过一小时的用户比例高于平均水平。过去一年，收听播客、有声读物和"在线音频"的美国人比例达到了历史最高水平。在美国用户中，声田在年轻人群中占据主导地位，而优兔音乐（YouTube Music）在55岁以上的用户人群中具有竞争力。[4] 在用户市场不断扩大的同时，音乐流媒体平台也开始了社交与派对属性转向。2023年9月26日，音乐流媒体平台声田宣布推出一项新的社交功能Jam，用户可创建一个Jam（即多人共享播放列表），并邀请其他用户加入，最多可支持32人实时协作。声田还推出了AI功能"语音翻译"功能，可以将播客节目翻译成其他语言，该功能由OpenAI自动语音识别系统Whisper提供技术支持，通过AI赋能平台提高生产力、丰富呈现形式。

---

[1] "ELON MUSK'S X LAYS OUT 2024 PLANS: PEER-TO-PEER PAYMENTS, AI AND CONTENT CREATORS IN FORCUS", https://economictimes.indiatimes.com/tech/technology/elon-musks-x-lays-out-future-plans-peer-to-peer-payments-ai-and-content-creators-in-focus/articleshow/106685897.cms，访问时间：2024年6月17日。

[2] Research and Markets："Podcasting Global Market Report 2024", https://www.researchandmarkets.com/report/podcast，访问时间：2024年6月17日。

[3] "Where are global podcast-listeners in 2024?", https://business.yougov.com/content/49298-where-are-global-podcastlisteners-in-2024，访问时间：2024年6月17日。

[4] "Podcast and audiobook listening at all time highs: Infinite Dial Report 2024", https://radioinfo.asia/news/podcast-and-audiobook-listening-at-all-time-highs-infinite-dial-report-2024/，访问时间：2024年6月17日。

数据显示，短视频平台抖音及海外版TikTok成为首款用户累计支出100亿美元的非游戏APP，美国市场iOS和安卓端的TikTok用户支出总额，与中国市场抖音的iOS端用户支出持平，各占约30%的份额，合计约60亿美元。据应用程序分析工具Data.ai的预测，TikTok在2024年的收入将达到146亿美元，成为有史以来收入最高的APP；TikTok用户在2024年每周的使用时长将达到40小时，比2023年增加22%。[1]中国另一主流短视频应用快手的用户不断增长，在全球拥有超过6.8亿月活跃用户。中国仍然占据快手总用户群的四分之三以上，同时在巴西积累了相当可观的用户群体。快手国际版Kwai在巴西的月活跃用户规模已超过6000万，占据了当地30%的人口，用户日均使用时长超过70分钟。[2]此外，快手旗下应用Snack Video在印度尼西亚和巴基斯坦发展势头迅猛，在印尼拥有4300万月活跃用户，2021年至2023年用户平均增长率达到318%。[3]值得注意的是，当社交平台与视频应用纷纷转向短视频时，长视频因其自身特点也成为短视频平台扩大更多潜在用户的发力方向。由于长短视频具有不同的特点与优势，扩大更多潜在用户市场成为视频应用竞争的焦点，视频平台希望能够长短视频通吃，从而最大限度地吸引和留住用户。如自优兔推出Shorts适应当下短视频生态后，2024年3月，TikTok升级"创作者奖励计划"，鼓励创作者推出横向长视频。TikTok表示，"创作者奖励计划"将继续奖励原创优质的长视频内容，并优化奖励机制，重点关注原创性、播放时长、搜索价值和观众互动等四个关键领域。此外，人工智能关键意见领袖（KOL）在优兔、照片墙和TikTok等平台上越来越受欢迎。优兔是人工智能KOL的首要平台，59%的参与者表示他们在那里关注了这些创作者，TikTok占56%。[4]另外，从全球范围来看，预计2024年流媒体视频收入将达到430亿美元以上。

1　"海外风向｜TikTok成为首款用户支出100亿美元的非游戏APP"，https://m.caixin.com/m/2023-12-18/102147242.html，访问时间：2024年6月17日。

2　"快手助力巴西数字经济发展 短视频和直播在巴西有三大发展机遇"，https://tech.cnr.cn/techph/20231031/t20231031_526469432.shtml，访问时间：2024年9月10日。

3　"SnackVideo tambah fitur penunjang bisnis"，https://www.antaranews.com/berita/4001451/snackvideo-tambah-fitur-penunjang-bisnis，访问时间：2024年6月17日。

4　"YouTube is 19 years old. Here's a timeline of how it was founded and grew to become king of video, with some controversies along the way"，https://www.businessinsider.com/history-of-youtube，访问时间：2024年6月17日。

99%的美国家庭至少购买一项或多项流媒体服务，其中奈飞、亚马逊会员视频（Amazon Prime Video）和AppleTV+处于前列。美国人平均每天花3小时9分钟观看流媒体数字媒体。[1] 奈飞在全球流媒体市场仍然处于领先地位。数据显示，奈飞是订阅用户最多的视频流媒体平台，拥有2.6028亿订阅用户。美国和加拿大占总用户数的近31%，欧洲、中东和非洲约占34%。据Statista预测，迪士尼+（Disney+）将成为亚太地区迄今为止最受欢迎的订阅视频点播（SVOD）平台，预计2027年订阅量将接近6600万。[2]

5.1.3 在线游戏增长迅猛

作为一种常用放松方式与新型社交方式，网络在线游戏随着智能手机与在线平台的发展增长迅猛。数据显示，2023年全球在线游戏市场总额约为1376亿美元，并预计将以10.9%的年均增速增长。[3] Roblox是全球最受欢迎的移动端应用游戏，在活跃用户数量和总使用时间方面均位居全球第一。网络游戏的用户增长在各年龄组都有所体现。几乎90%的"Z世代"都是游戏玩家，"Z世代"对游戏互动方面的偏好对他们使用的平台产生了连锁反应。数据显示，即时通讯社交平台Discord的"Z世代"游戏玩家数量同比增长了24%。[4] 根据2023年第三季度的统计数据，在55岁至64岁之间的互联网用户中，有约七成玩在线游戏[5]，尽管在线游戏用户仍然主要以年轻人为主，但老年人的游戏参与的上升成为值得关注的现象。

---

1 "Top Streaming Statistics In 2024"，https://www.forbes.com/home-improvement/internet/streaming-stats，访问时间：2024年6月17日。

2 "Forecasted number of subscription video-on-demand（SVOD）subscriptions in the Asia-Pacific region in 2027, by platform"，https://www.statista.com/statistics/1114692/apac-forecasted-number-of-svod-subscriptions-by-platform/，访问时间：2024年6月17日。

3 "Global Online Gaming Industry Analysis Report 2024: A $348.85 Billion Market by 2032 Featuring Activision Blizzard, Apple, Capcom, Electronic Arts, Microsoft, Nintendo, Sony, and Tencent"，https://www.globenewswire.com/en/news-release/2024/05/07/2876361/28124/en/Global-Online-Gaming-Industry-Analysis-Report-2024-A-348-85-Billion-Market-by-2032-Featuring-Activision-Blizzard-Apple-Capcom-Electronic-Arts-Microsoft-Nintendo-Sony-and-Tencent.html，访问时间：2024年6月17日。

4 "Gen Zin 2023"，https://www.gwi.com/reports/generation-z，访问时间：2024年6月17日。

5 "70+Video Game Statistics You Need to Know in 2024: Market Growth, Emerging Trends, and More"，https://www.techopedia.com/video-game-statistics，访问时间：2024年7月15日。

2023年第四季度，中重度游戏全球收入同比下滑9%，而像《MONOPOLY GO!》《Royal Match》等玩法更加简单的休闲游戏收入同比上涨8%。[1] 此外，中国游戏娱乐产业出海成果显著。2023年，中国移动游戏的出海游戏收入主要集中在美国、日本、韩国，上述国家提供了中国出海游戏超过五成的海外收入。[2] 其中，米哈游表现亮眼，其推出的RPG手游《原神》仅用40个月就达到了50亿美元的总收入，成为最快达到这一目标的移动游戏；旗下《崩坏：星穹铁道》成为2023年表现最好的新发行手游，分别跻身新发行手游下载量和用户支出榜单第2和第1名。除米哈游以外，多家中国发行商新游成功入围用户支出榜前十，包括网易旗下的《逆水寒》《巅峰极速》和UjoyGames发行的《马赛克英雄》。

5.1.4 全球网络文学规模扩大

数据显示，2023年全球网络文学市场估值约为341.4亿美元，预计将由2024年的394.8亿美元增长至2032年的1261亿美元。[3] 年轻用户群体（18—34岁）作为主要目标受众贡献了超过35%的市场收入。北美、欧洲、亚太地区、拉丁美洲以及中东和非洲是网络文学的主要市场，英语和汉语网络文学作品在市场收入中占据前二。东亚的中日韩三国在网络文学方面的发展迅速，在线阅读日渐受到网民喜爱、网络文学平台的涌现和易得性以及对原创且有互动内容的需求共同推动了网络文学的蓬勃发展。自2013年起，韩国的网络文学产业几乎每年都以近两倍的速度增长，于2024年达到了万亿韩元（约7.2亿美元）的市场规模。[4]

近年来，中国网络文学作者队伍继续扩大，读者影响持续提升，出海步伐

---

1 Sensor Tower：《2024年移动游戏市场报告》，https://sensortower.com/zh-CN/blog/state-of-mobile-gaming-2024-report-CN，访问时间：2024年6月17日。
2 "2023年中国游戏出海研究报告：自研游戏海外收入163.66亿美元 美德英日韩等成熟市场仍是主要方向"，https://tech.china.com.cn/game/20231215/400828.shtml，访问时间：2024年6月17日。
3 "Global Web Novel Market Research Report"，https://www.wiseguyreports.com/reports/web-novel-market，访问时间：2024年6月17日。
4 "Recent Status of Korean Webnovels"，https://www.kbook-eng.or.kr/sub/trend.php?ptype=view&idx=1382&code=trend&category=77，访问时间：2024年6月17日。

也在持续加速。《2023中国网络文学发展研究报告》显示，截至2023年底，中国网络文学阅读市场规模达404.3亿，同比增长3.8%；中国网络文学作者规模达2405万，网文作品数量达3620万部，网文用户数量达5.37亿，同比增长9%。网文出海市场规模超过40亿元，海外访问用户约2.3亿，覆盖全球200+国家及地区。[1] 内容题材方面，中国海外网文作品已形成15个大类100多个小类，都市、西方奇幻、东方奇幻、游戏竞技、科幻成为前五大题材类型。截至2023年10月，阅文旗下海外门户起点国际培养了约40万名海外网络作家，覆盖全球100多个国家和地区，其中，美国网络作家数量居于首位。[2] 除了起点国际，Wattpad和Royal Road等全球网络文学平台也发展迅猛。其中，创立于加拿大的Wattpad平台覆盖超过25种语言，拥有9000万的月活用户，每月用户使用时间总计超过260亿分钟。[3] 此外，实体出版、有声、漫画、影视等形式也成为网文IP拓展的未来重点发展方向。

5.1.5 智能终端加速接入

随着物联网、云计算、人工智能、大数据等新兴技术的融合应用，互联网媒介平台的数字化、智能化加速成为必然发展趋势。智能手表、头戴式设备、智能眼镜等可穿戴设备以其便携性、实时性和个性化服务的特点，为用户提供了前所未有的交互体验，并在全球市场表现出强劲的增长势头。专注于科技领域的咨询公司Counterpoint Research数据显示，2023年第三季度全球"HLOS"（high-level OS）智能手表出货量同比增长9%。科技营销公司Canalys数据显示，智能手表增长的主要动力是新兴市场（尤其是印度），预测2024年可穿戴腕带设备的增长率将达到10%。[4] 同时，消费者对于智能手表的期望不再满足于基本的数据追踪功能，更是一个智能的健康和生活助手，能够提供全面、详

---

1 中国社会科学院文学研究所：《2023中国网络文学发展研究报告》，2024年2月。
2 "《2023中国网络文学出海趋势报告》发布：网文IP全球圈粉"，http://www.chinawriter.com.cn/n1/2023/1208/c404023-40134471.html，访问时间：2024年6月17日。
3 "Wattpad"，https://company.wattpad.com/，访问时间：2024年6月17日。
4 "预测2024年智能手表出货量将以17%增长率强势反弹"，https://finance.sina.cn/usstock/mggd/2024-01-08/detail-inaauwyy9085730.d.html?from=wap，访问时间：2024年6月17日。

细、个性化的服务和建议，包括健康解决方案、智能日程管理、娱乐与应用拓展等。在头戴式设备方面，艾瑞咨询数据显示，2023年全球VR终端出货量为765万台，其中Meta、索尼（Sony）、PICO、DPVR和Valve位居前五，预估2024年全球出货将突破810万台。[1] 根据咨询公司IDC预计，在Meta的Quest 3和苹果的Vision Pro头显的带动下，2024年全球AR/VR头显出货将出现明显的增长，预计同比增长率为46.4%。[2] 在智能眼镜方面，2024年，AI+AR的发展趋势将助力眼镜产品实现更好的NLP（自然语言处理）交互及显示画面呈现。高速的文本处理、准确的智能问答对话、精准的语义理解、高效的指令识别都将使智能眼镜在实时翻译、导航出行、视频摄影、生活助手等类型的应用中大放异彩。[3]

5.2 全球互联网媒体关注的重点议题

近一年时间里，生成式人工智能（AIGC）的迅猛发展为全球互联网媒体带来了生产与传播链条的技术革新，同时互联网媒体新闻伦理风险加剧、版权归属争议等问题进一步突出。以乌克兰危机、巴以冲突和苏丹内战等为代表的各类地区性冲突成为全球互联网媒体的重点关注议题，多数西方媒体"政治立场先行"，报道失衡，而非西方媒体则表现出及时、准确、客观报道的专业精神，并成为全球互联网媒体流的重要信源。与此同时，以TikTok为代表的视听媒体平台凭借直观立体的信息呈现与用户生产的赋权赋能，逐步打破西方话语霸权，不断纠正其报道偏颇。2024是"超级选举年"，如何利用人工智能等先进信息技术实现传播创新，同时有效抵制虚假信息"肆虐"成为全球互联网媒体面临的重要挑战。在法国首都巴黎举办的第33届夏季奥林匹克运动会上，

---

1 艾瑞咨询：《2024年中国虚拟现实（VR）行业研究报告》，2024年3月。
2 "全球经济压力下AR/VR市场仍展现韧性，新设备推动逆势增长"，https://36kr.com/p/2571798572957157，访问时间：2024年6月17日。
3 "IDC：2024年中国AR/VR市场十大洞察"，https://www.idc.com/getdoc.jsp?containerId=prCHC51603423，访问时间：2024年6月17日。

全球互联网媒体在传播技术、主体与内容生产层面进行创新与突破，制订更高质量的赛事报道方案。

5.2.1 AIGC应用下互联网媒体的高效生产与伦理挑战

2022年末至今，AIGC不断更新迭代。ChatGPT、Gemini和Sora等多模态内容生成式应用不仅在"数据收集与预处理"与"模型选择与训练"层面实现了变革与创新，更在内容的动态与创造性生成维度上取得重大突破，加速信息生产与消费行业的变革与"重塑"。于全球互联网媒体而言，AIGC的发展与普及既以技术的革新带来了生产流程与运营模式的优化，但同时也蕴含着加剧新闻伦理风险、版权纠纷和环境保护危机的消极可能，为媒介治理带来全新挑战。

作为当下人工智能技术的最强音，AIGC首先以超强算力实现了数据集的扩容，并在其中注入了数万"人类偏好知识"（如人类的任务表达习惯等）[1]，实现了数据层面的"提量又提质"。据统计，OpenAI于2023年3月发布的GPT-4的训练数据量已达至570GB，包含网页和书籍等多来源数据。[2] 其次，AIGC成功打造出多模态大语言模型（MLLM），并使用了基于人类反馈的强化学习技术（RLHF）以调整模型参数、奖励函数模型和评估优化模型等[3]，优化了对人类认知机制的理解与模拟。最后，AIGC能够根据对概念及其抽象表示的学习和把握，创造性地产出图片和视频等多模态信息，在内容生产层面实现"生成式"突破。

凭借上述技术优势，AIGC为全球互联网媒体带来了"更开阔的生产视野""更智能的内容生成"与"更精准的算法推送"。"更开阔的生产视野"意味着AIGC能够凭借更高效且全面的材料收集和处理能力，协助新闻工作者从海量的社会现象与事件中提炼兼具社会人文与商业价值的议题，并不断拓展、

---

[1] 朱光辉，王喜文：《ChatGPT的运行模式、关键技术及未来图景》，《新疆师范大学学报（哲学社会科学版）》，2023年第4期，第113—122页。

[2] "60+ChatGPT Statistics And Facts You Need to Know in 2024"，https://blog.invgate.com/chatgpt-statistics，访问时间：2024年6月17日。

[3] 喻国明，苏健威：《生成式人工智能浪潮下的传播革命与媒介生态——从ChatGPT到全面智能化时代的未来》，《新疆师范大学学报（哲学社会科学版）》，2023年第5期，第81—90页。

创新报道视角。"更智能的内容生成"意味着"模版化"的传统"机器人写作"模式得到进一步拓展——AIGC在提升了语言准确性和语境契合性的同时，以更具洞察力和思辨性的内容生成优势应用至更广泛的媒体报道领域与更多元的信息生产中。"更精准的算法推送"则意味着媒体能够利用AIGC构建更具细粒度且更高效的内容评估算法指标体系，对信息特征及用户互动反馈进行更为精准与深入的分析，从而研发出更加符合用户信息需要的算法推送系统。海外图片分享平台拼趣（Pinterest）首席运营官表示，该平台已成功利用新一代人工智能技术将内容推送的相关性提升至95%。[1]

与此同时，AIGC也带来了新闻伦理、版权归属和环境保护等层面的问题与挑战。新闻伦理风险在于，AIGC在很大程度上提高了媒体进行事实核查和谬误讯息辨别的难度，继而影响着新闻的真实性。此外，所谓技术客观与中立背后所蕴藏的既有文化偏见、平台开发者价值观偏差等因素依旧存在，易产生并加深媒体话语中的偏见与歧视，影响新闻客观性的同时造成了相应的伦理盲区。版权争议一方面在于，训练AIGC所需要获取的新闻报道和文学作品等信息材料存在一定的"归属"问题，如2023年末，《纽约时报》因微软与OpenAI未经授权使用该报文章进行ChatGPT训练而将其告上法庭。[2] 另一方面，由AIGC生产的新闻信息是否应享有版权保护，以及其中涉及的媒体人文原创价值也引发了不小争议。[3] 最后，AIGC的深度应用也更加凸显了全球互联网媒体在生产与运营过程中亟须承担的环境保护责任。AIGC以大算力为支撑，相应带来了高电力与高能耗的巨大环境成本。据统计，GPT-3模型训练需要1万张V100 GPU持续运行约14.8天，整体算力消耗达625 PFlops，耗电相当于120个美国家庭1年的用电量。[4] 由此，如何在应用与发展AIGC的同时承担环境保护责任，维持可持续化与绿色发展成为全球互联网媒体当下的重要课题。

---

[1] "Bill Ready: why social media turned to xic and how we can fix it", https://www.ft.com/content/6b3137ef-988c-4755-954c-7e2829aaf8d3，访问时间：2024年6月17日。

[2] "The Times Sues OpenAI and Microsoft Over A.I. Use of Copyrighted, Work", https://www.nytimes.com/2023/12/27/business/media/new-york-times-open-ai-microsoft-lawsuit.html，访问时间：2024年6月17日。

[3] 史安斌，朱泓宇：《2024年全球新闻传播新趋势——基于五大议题的分析与展望》，《新闻记者》，2024年第1期，第102—112页。

[4] 雷波：《大模型时代下新型算力供给体系的几点思考》，《通信世界》，2023年第18期，第30—31页。

5.2.2 地缘冲突中互联网媒体表现

近一年来，各类地区性冲突层出不穷，乌克兰危机持续不断，中东地区爆发新一轮巴以冲突等等。据英国伦敦国际战略研究所（IISS）发布的《武装冲突调查》，2023年全球共发生了183起冲突，是30年来数量最多的一年。[1] 面向不断迭发的地缘矛盾与冲突，全球互联网媒体在延续乌克兰危机中催生的"网络认知战"属性的基础上，衍生出全新表现与特征。

首先，《纽约时报》、CNN和BBC等西方主流媒体在社交媒体平台上的政治偏向持续凸显，不断发出偏颇与片面的声音。据《中国日报》统计，在2023年10月7日至10月10日CNN累计发布的28条巴以冲突推文中，多数聚焦于美方态度、以色列军方举措及以色列伤亡情况等议题，而对巴勒斯坦民众伤亡情况"只字未提"。[2] 无独有偶，BBC的巴以冲突报道也在2023年末被指控具有"忽略巴以冲突的关键历史背景"与"对以色列与巴勒斯坦采取双重标准"等不公正报道行为。[3] 此外，在中菲涉海争议的国际报道上，以美国国际开发署（USAID）暗中资助的菲律宾新闻调查中心为代表，在互联网上发布多篇不实报道与文章，将中国塑造成侵略者，持续误导国际社会。[4] 事实上，西方主流媒体以地缘政治为指向的偏颇网络报道已多次引发民众不满与抗议。2024年2月，英国《卫报》报道称，多名CNN内部员工强烈反对高层"对以色列的系统性和制度性偏向"及催生的不当报道。[5]

其次，半岛电视台、中国中央广播电视总台和CGTN等非西方媒体坚持在互联网环境中就地缘矛盾与冲突进行准确、客观呈现，继而在国际舆论场上不断赢得关注，已成为全球相关报道的重要信源。据统计，在巴以冲突爆发的一

---

1 "The Armed Conflict Survey 2023"，https://www.iiss.org/publications/armed-conflict-survey/，访问时间：2024年6月17日。

2 "翻了一下CNN对巴以冲突的报道，果然又'选择性沉默'了"，https://mp.weixin.qq.com/s/VU7s1_yidg3-JVMu99-GYQ，访问时间：2024年6月17日。

3 "外媒：多名记者指责BBC巴以报道充满偏见"，https://www.cankaoxiaoxi.com/#/detailsPage/%20/c368e3b0f12349e4b97c4018bb469ec3/1/2023-11-26%2010:25?childrenAlias=undefined，访问时间：2024年9月10日。

4 "中国日报记者TikTok账号被封竟与南海有关？美菲勾结藏不住了"，https://m.youth.cn/qwtx/xxl/202406/t20240613_15309802.htm，访问时间：2024年9月10日。

5 "CNN Staff say network's pro-Israel slant amounts to 'journalistic malpractice'"，https://www.theguardian.com/media/2024/feb/04/cnn-staff-pro-israel-bias，访问时间：2024年6月17日。

个月内，中国中央广播电视总台在各大互联网平台发布的巴以冲突报道内容被外媒转引超14万次，其中348条多语种新闻素材被112个国家和地区的2164个电视台及新媒体平台采用，累计播出总时长超486小时。[1] 此外，在苏丹武装部队同苏丹快速支援部队发生武装冲突之际，CGTN立即启动重大突发新闻应急机制，在2小时内即安排报道员直播介绍相关情况，成为首批在冲突中心地带进行电视和网络直播的国际媒体，同时通过联系苏丹国内报道资源和远程独家采访等多种方式成功多角度抢占了新闻第一落点。[2] 不难看出，在媒介技术赋权下，非西方媒体日益具备打破西方媒体霸权的话语能力，在不断爆发的地缘冲突事件中持续发出公正声音，真正推动建立"一个世界，多种声音"的国际传播新秩序。

最后，以TikTok为代表的视听社交媒体平台在打破西方媒体话语霸权，就地缘政治冲突提供公正资讯层面扮演着重要角色。以TikTok上巴以冲突相关内容为例：一方面，TikTok以直观化、感性化的视频影像多视角、多维度地展现巴以冲突画面，并辅以精准的算法推送，在为全球用户提供了更全面、平衡的巴以冲突信息的同时，唤起全球民众"反对战争"等正向情感共鸣，能够有效形成追求和平的团结声音，进而推动武装冲突的终止。另一方面，TikTok也凭借信息生产与传播的低技术门槛形成强大的用户参与势能，成为"Z世代"青年群体声援巴勒斯坦的主阵地。截至2024年6月2日，TikTok上带有#palestine标签的作品数量已近600万[3]，海量年轻用户就巴以双方伤亡对比、巴以历史和巴勒斯坦现状等话题进行事实陈述与观点表达，很大程度上纠正了西方主流媒体的报道偏颇。此外，TikTok等视听社交媒体也积极打击针对地缘冲突事件中的虚假账号及各类谬误讯息，以维护平台信息生态与环境。2024年3月，TikTok官方发布的《社群自律公约执行报告》显示，其在2023年10月至12月期间就乌克兰危机话题共封禁近700个虚假账户，粉丝数量总计达到105万。[4]

---

1 "外媒转引超14万次！总台巴以冲突现场报道成为全球信源"，https://mp.weixin.qq.com/s/iYPBRZDtldAskk0kOxs2zg，访问时间：2024年6月17日。

2 "CGTN全球报道网：全方位报道苏丹武装冲突"，https://mp.weixin.qq.com/s/JBIlnUk704tOjF75xYZLgg，访问时间：2024年6月17日。

3 "TikTok.#palestine"，https://www.tiktok.com/tag/palestine，访问时间：2024年6月2日。

4 "TikTok. Community Guidelines Enforcement Report"，https://www.tiktok.com/transparency/zh-tw/community-guidelines-enforcement-2023-4/，访问时间：2024年6月17日。

5.2.3 "超级选举年"互联网媒体的技术创新与虚假信息治理

2024年，全球迎来"超级大选年"，包括美国、俄罗斯、印度、英国、墨西哥和欧盟等70多个国家和地区均于今年举行了重要选举，涉及全球超过一半的人口。[1] 如何在积极利用人工智能和算法等技术创新实现高质量报道的同时抵制虚假信息和极端网络认知战，成为全球互联网媒体面临的重要挑战。

一方面，全球互联网媒体仍积极推动人工智能和云计算等先进信息技术应用，以保障及时、准确、全面的大选资讯生产与传播。印度自2024年4月19日起，在为期6周的议会下院（人民院）选举中，利用人工智能技术打造政客"数字人"视频，并通过瓦茨艾普（WhatsApp）等互联网媒体平台进行发布，问候选民并向其介绍政府福利等信息成为"流行趋势"。据《纽约时报》报道，制作20个该类视频所需要的时间仅为四分钟左右，且能够自动生成超10种印度语言，以低成本且高效的方式覆盖了对多元选民的政治宣传。[2]

另一方面，TikTok等以算法分发为核心特征的短视频平台成为竞选宣传的重要阵地。以英国大选为例，今年的英国大选被称为"首个TikTok选举"（the first TikTok election），保守党和工党都开通了TikTok账号并发布大量短视频，其中不乏在几十秒内阐释自身政策的符合短视频传播特征的专业内容。[3] 将选举宣传转移至TikTok平台不仅仅是为了吸引大量使用该平台的年轻用户，更是成本上的考虑。数据显示在脸书、照片墙和优兔等平台投放广告仅一周就需要花费数十万英镑，而TikTok平台本身不允许购买政治广告，只需要能够产出符合算法推荐的内容，就能制造出"爆款"，实现自身传播的目的。

在当下人工智能技术飞速发展并运用于互联网媒体的时代，深度伪造等技术的负面效应也使各互联网媒体进一步面临"花样百出"的大选虚假信息挑战。如，美国新罕布什尔州共和党初选前伪造拜登声音"不要给特朗普投票"

---

1 "2024 is the biggest election year in history", https://www.economist.com/interactive/the-world-ahead/2023/11/13/2024-is-the-biggest-election-year-in-history, 访问时间：2024年6月17日。

2 "How A.I.Tools Could Change India's Elections", https://www.nytimes.com/2024/04/18/world/asia/india-election-ai.html, 访问时间：2024年6月17日。

3 "'The first TikTok election': are Sunak and Starmer's digital campaigns winning over voters?", https://www.theguardian.com/politics/article/2024/jun/01/parties-starmer-sunak-digital-campaigns-social-media-tiktok, 访问时间：2024年7月16日。

的AI电话录音[1]，特朗普支持者利用人工智能技术制作并发布于脸书等社交媒体平台上的"特朗普与黑人微笑合影"照片[2]，韩国全国选举委员会（NEC）发现的129条由人工智能生成的违法媒体信息[3]。为有效应对人工智能虚假信息为"超级大选年"造成的严峻挑战，微软（Microsoft）、谷歌（Google）、亚马逊（Amazon）、X、Meta、OpenAI和TikTok等全球20家大型科技公司在2024年2月16日召开的第60届慕尼黑安全会议（MSC）上签署协议，承诺推行"打击人工智能滥用行为，保障选举公正性"的平台治理举措。[4] 除虚假信息外，Substack等公开宣称"不禁止美国选举中纳粹符号和极端主义言论"[5]的新闻订阅平台也引发了全球关注与担忧。

5.2.4　巴黎奥运会展现互联网媒体最新数字化报道

第33届夏季奥林匹克运动会于2024年7月26日至8月11日在巴黎举办。对此，各大国际互联网媒体运用人工智能等技术在内容生产与传播层面不断创新，积极与个体生产者开展合作，拓展报道视角，力图在赛前赛后保障丰富全面、立体沉浸的新闻报道。

一方面，传播技术的创新给予了互联网媒体平台呈现奥运相关内容更多可能性。奥运会官方内容供应商奥林匹克广播服务公司（OBS）不仅将播出内容总时长延长至1.1万小时（较2020年东京奥运会多出900小时），还创新运用超高清（UHD）高动态光照渲染（HDR）技术实现更即时、逼真的赛事报道，同时利用云平台（LiveCloud）等技术实现任务灵活分割，在一定程度上减少了相关内容生产的场馆物理空间需求和电力需求。[6] 人工智能、云技术与移动

1　"Political consultant behind fake Biden robocalls says he was trying to highlight aneed for AI rules"，https://apnews.com/article/ai-robocall-biden-new-hampshire-primary-2024-f94aa2d7f835ccc3cc254a90cd481a99，访问时间：2024年6月17日。

2　"美国大选临近，AI博弈之下的虚假信息困境"，https://m.thepaper.cn/newsDetail_forward_27359556，访问时间：2024年6月17日。

3　"AI发展遇上'超级大选年'：监管更难，科技巨头带头改变？"，https://www.thepaper.cn/newsDetail_forward_26391444，访问时间：2024年6月17日。

4　"Munich Security Conference 2024"，https://securityconference.org/en/msc-2024/，访问时间：2024年6月17日。

5　"In the 2024 U.S. elections, vote for Substack"，https://on.substack.com/p/in-the-2024-us-elections-vote-for，访问时间：2024年6月17日。

6　"International Olympic Committee. OBS marks 14 years of innovation as Olympic host broadcaster"，https://lolympics.com/ioc/news/obs-marks-14-years-of-innovation-as-olympic-host-broadcaster，访问时间：2024年6月17日。

通信等传播技术等已切实成为2024年巴黎奥运会媒体报道的视听保障。这些服务都作为"素材库"和"工具箱"满足了不同互联网媒体平台多样化的需求，从而推动不同互联网媒体机构或平台根据自身特性选择报道视角和形态，为观众提供更加全方位、沉浸式的观看赛事体验。

另一方面，本届奥运会放宽了对运动员社交媒体平台的限制，允许运动员在奥运会期间直接发布更新内容，给予了运动员更自由地在互联网媒体发帖的权利，从而分享奥运比赛的幕后消息、分享个人参赛体会和日常生活等，从而通过照片墙、X和TikTok等平台直接与全球关注奥运会的民众互动。除了运动员本身，全球媒体还加大与歌手演员、社交媒体平台网红等个体行动者的合作力度，从而实现触及更多元受众群体的传播效果。2024年1月，奥林匹克广播服务公司邀请来自美国和澳大利亚的6位演艺界名人成为官方"奥运迷"——其可在社交媒体平台的个人简介中增添相关身份标签，并以个人风格来记录与呈现奥运赛事。[1] 近年来，网络信息技术的飞速变革与创新实现了个体行动者赋权，使其能够在一定程度上减弱对机构组织的"发声"路径与框架依赖，而凭借自身的能动性与创造性成为相对独立的"传播基站"[2]，继而催生出大批"网络红人"。于全球互联网媒体而言，其由此扮演着内容生产合作者与传播"桥梁"等关键角色。

5.3 全球互联网媒体的地区特征

截至2024年初，全球移动设备用户数增长了1.38亿，同比增长2.5%。[3] 活跃的社交媒体用户ID数突破50亿大关，相当于世界总人口的62.3%。从互联网普及率来看，全球不同地区间仍存在差异。欧洲、独联体和美洲国家的互联网普及率介于87%和91%之间，阿拉伯、亚太国家与全球平均水平一致，

---

1 "SIX CELEBRITY OLYMPIC FANS EYEING PARIS 2024 WITH SIX MONTHS TO GO", https://olympics.com/en/news/six-celebrity-olympic-fans-eyeing-paris-2024-six-months-to-go, 访问时间：2024年6月17日。
2 彭兰：《"连接"的演进——互联网进化的基本逻辑》，《国际新闻界》，2013年第12期，第6—19页。
3 "Global Mobile Trends 2024", https://data.gsmaintelligence.com/research/research/research-2024/global-mobile-trends-2024, 访问时间：2024年6月17日。

大约有三分之二的人口（分别为69%和66%）使用互联网，而非洲各国的平均水平仅达37%。在低收入国家中，移动宽带的基础订阅费用占到国民月均收入的9%，这一比例是高收入国家的二十倍，移动网络的可负担性是实现普遍连接的重要阻碍之一。[1] 数据显示，截至2023年，全球188个经济体中只有114个达到了移动宽带可负担性目标（宽带接入价格低于国民月均收入的2%）。[2] 在全球互联网媒体呈现增势的背景下，不同地区呈现出较强的地域特色。

5.3.1 亚洲——市场趋于成熟，模式出海全球

移动端互联网媒体市场趋于成熟。截至2024年1月，社交媒体使用率排名前十的国家中，有五个来自亚洲，分别是阿联酋、沙特阿拉伯、韩国、新加坡和马来西亚，这一排名显示了亚洲在全球社交媒体景观中的重要地位。[3] 以中国为例，截至2023年12月，中国移动设备数达13.93亿台，用户规模趋于饱和，增速放缓，较年中增长仅万分之四。[4] 东南亚是全球互联网媒体最活跃的地区之一，菲律宾、印度尼西亚、马来西亚、泰国和越南等国家的互联网媒体使用率远高于全球平均水平，特别是在短视频、在线游戏和流媒体等方面表现尤为突出。

增速放缓意味着互联网媒体市场进入了更成熟的阶段，竞争的焦点转向挖掘存量用户的价值。以韩国为例，2024年韩国互联网普及率高达97.2%，全国共有6639万个活跃蜂窝移动连接点，相当于总人口的128.3%。然而，根据Meta公司报告，2024年脸书在韩国的广告覆盖人数减少了120万，同比下降12.5%。[5] 当整个市场不再大幅增长时，平台间的竞争更趋近于零和博弈，此

---

1 "Measuring Digital Development: Facts and Figures 2023", https://www.itu.int/en/publications/ITU-D/pages/publications.aspx?parent=D-IND-ICT_MDD-2023-1&media=electronic，访问时间：2024年6月17日。
2 "THE AFFORDABILITY OF ICT SERVICES 2023", https://www.itu.int/en/ITU-D/Statistics/Pages/ICTprices/default.aspx，访问时间：2024年6月17日。
3 "DIGITAL 2024: GLOBAL OVERVIEW REPORT", https://datareportal.com/reports/digital-2024-global-overview-report，访问时间：2024年7月16日。
4 艾瑞咨询：《2023年中国移动互联网流量年度报告》，2024年3月。
5 "DIGITAL 2024: SOUTH KOREA", https://datareportal.com/reports/digital-2024-south-korea，访问时间：2024年6月17日。

消彼长。来自韩国的社交媒体平台Line同时也积极寻求海外扩张,目前已经在日本、泰国和印度尼西亚等其他亚洲地区广泛被使用,甚至在日本已经成为排名第一的社交媒体平台。

在亚洲,互联网视频直播深度渗入用户日常生活,视频服务成为互联网媒体消费的主流。根据CNNIC第54次《中国互联网络发展状况统计报告》,截至2024年6月,中国网民规模近11亿人。其中,网络视频用户规模达10.68亿人,占网民整体的97.1%。互联网媒体平台的发展带来了网络直播的爆火,截至2024年6月,中国网络直播用户规模达7.77亿人,发展迅速。[1] 互联网直播作为一种实时视频媒体内容,以其交互性、现场感和真实性受到广大互联网用户的喜爱。由于视频直播离不开高速稳定的互联网连接,中国等国先进且覆盖度高的互联网基础设施的建设成为推动直播行业发展的重要基础。在技术、平台和用户的共同作用下,直播已经不仅成为互联网发展的潮流,也成为一种生活方式和文化现象,用户在各大不同平台可以观看新闻、娱乐、美食、科教、美妆、运动和电商等多种类型的媒体内容,同时也诞生了一系列新的职业类型。

值得关注的是,中国互联网媒体平台"模式出海"赋能全球。近年来,全球互联网媒体企业开始从中国互联网媒体企业的运营模式中汲取经验,由"CTC"(Copy to China)转向"CFC"(Copy from China)。Meta的Instagram Reels、优兔的Shorts功能、色拉布(Snapchat)的Spotlight都尝试复刻TikTok短视频流媒体模式的成功;X力图效仿微信;优兔则是借鉴哔哩哔哩(Bilibili)引入弹幕功能和创作者激励机制。这些举措反映了全球互联网媒体企业对中国市场创新能力的认可,也说明了在媒体生态中,模式和创新正变得越来越多元和互通。

以TikTok、起点国际和米哈游等为代表的中国互联网媒体借助平台媒介及人工智能等各类传播技术成功"出海",使多元主体的深度参与和多样、平等的文明交流互鉴,构成了表现强劲的"数智华流"。以ReelShort为代表的中国

---

[1] 中国互联网络信息中心:第54次《中国互联网络发展状况统计报告》,2024年8月。

短剧流媒体平台上线海外，对源于本土的网络文学作品进行影视改编与创作，在奈飞、苹果、迪士尼等平台主导的全球影视媒介市场占据了一席之地。[1]

5.3.2 非洲——发展尚不均衡，未来潜力较大

不同地区互联网接入水平差异大。据德国数据分析公司Statista统计，非洲不同地区间互联网接入水平仍存在较大差异。南非和北非的社交媒体渗透率远高于其他地区，南非约41.6%的人口使用社交媒体，北非约40.4%，西非和东非的渗透率分别为15.8%和10.1%，中非仅9.6%，其中，埃塞俄比亚和刚果（金）等国家有超过80%的人口未接入互联网。[2]

除了互联网接入，在获取互联网媒体内容上，非洲不同国家和地区之间差异也很大。数据显示，47%的非洲人每周从互联网媒体获取新闻，定期获取互联网媒体信息的比例最少是马达加斯加（14%），最多是毛里求斯（82%）。城市居民、受到良好教育和经济水平更好的居民、男性和青年相对来说更有可能使用互联网媒体，数字鸿沟基本与10年前持平甚至更大。非洲在互联网媒体飞速发展的同时，数字平权仍然任重道远。[3]

虽然非洲整体的互联网接入水平不高，但是其互联网媒体用户规模增速快、活跃度高。在过去10年中，南非的互联网用户数几乎实现翻倍式增长。有研究表明，南非的人口结构相对年轻，用户日均屏幕使用时长超过9个小时，在全球处于领先态势。[4] 高度活跃的用户为数字内容的消费提供了坚实的基础，与社交媒体平台深度融合的电子商务市场在此也得到了飞速的发展。2023年南非电子商务市场规模约62亿美元，预计在2030年达到163亿美元，复合平均增

---

1 史安斌，梁蕊洁：《转文化传播视域下"数智华流"的理论与实践探索——以ReelShort为例》，《青年记者》，2024年第2期，第86—92页。

2 "Social media penetration in Africa in 2024, by region"，https://www.statista.com/statistics/1190628/social-media-penetration-in-africa-by-region/，访问时间：2024年6月17日。

3 "Africa's shifting media landscapes: Digital media use grows, but so do demographic divides"，https://www.afrobarometer.org/wp-content/uploads/2024/04/AD800-PAP14-Digital-media-use-grows-across-Africa%5ELJ-but-so-do-demographic-divides-Afrobarometer-29april24.pdf，访问时间：2024年7月16日。

4 "Young South Africans are shaping the news through community radio—via social media"，https://www.niemanlab.org/2023/10/young-south-africans-are-shaping-the-news-through-community-radio-via-social-media/，访问时间：2024年6月17日。

长率预计达14.8%。[1] 作为非洲数字化时代的"先行者",南非的发展印证着广袤非洲的市场潜力。

互联网媒体的发展离不开通信基础设施的保障,在非洲等欠发达地区,落后的通信基础设施直接影响着互联网媒体的可得性。近年来中国积极助力非洲通信基础设施完善。数据显示,非洲80%以上的通信基础设施来自华为和中兴,基于共建"一带一路"合作,中国在非洲开展了1600余个基础设施项目。[2] 基础设施建设架起了中非媒体互联互通的桥梁,两国互联网媒体企业得以开展更为深入的合作,共建"传播共同体"。

5.3.3 北美洲——技术创新高地,垂类平台兴盛

北美地区不仅有积极活跃的市场,也在技术创新上引领着未来互联网媒体发展的潮流。过去一年,以OpenAI为代表的各大人工智能公司在北美继续发力,实现了更高精准度、反应度、智能化和多模态的大模型。OpenAI推出的GPT-4,在自然语言处理、图像生成和多模态互动等方面展现出强大能力,成为互联网媒体内容生产和用户交互的重要工具。而Sora等文生视频类模型的出现更是实现了互联网媒体技术的飞跃,将大幅提升互联网媒体内容的创作效率,以更低成本、更快速度生成高质量的视频内容,满足快速增长的用户需求。文生视频类模型推动了互联网媒体内容个性化、互动性和创意表达多样化,增强用户参与度和体验感,从而丰富了互联网媒体平台视频内容和形态的多元化。总体而言,Sora等工具给予了互联网媒体更多可能,推动其向更高效、个性化和多样化的方向发展。

尽管这些前沿科技的应用仍在起步阶段,但不可否认的是,这些技术为互联网媒体内容的使用场景提供了更多可能性。例如苹果公司发布的Vision Pro,这款穿戴设备和空间视频技术致力于沉浸式虚拟现实(VR)和增强现实

---

1 "[Latest Market Report] South Africa E-Commerce Market to be Worth US$ 16.3 billion (ZAR315.8 Bn) by 2030",https://www.globenewswire.com/fr/news-release/2023/10/09/2756452/0/en/Latest-Market-Report-South-Africa-E-Commerce-Market-to-be-Worth-US-16-3-billion-ZAR315-8-Bn-by-2030-In-Depth-Analysis-of-Industry-Trends-and-Key-Developments-till-2030-by-RationalS.html,访问时间:2024年9月11日。

2 【一带一路】梁海明教授、冯达旋教授:中国如何创造基建奇迹推动非洲发展?",https://m.thepaper.cn/baijiahao_24791034,访问时间:2024年6月17日。

（AR）的软硬件应用，可以提供虚拟现实电影、360度视频和互动新闻报道。用户可以通过Vision Pro等设备，身临其境地体验新闻事件、旅游景点和体育赛事并与之交互，增强了互联网媒体内容的互动性和吸引力。

随着互联网媒体平台的扩张，由"趣缘"集结的网络用户在浏览偏好上呈现出明显差异，细分领域下的垂类内容生产展现出巨大增长潜力。在北美市场上，许多小众互联网媒体平台构建着专注细分领域的独立生态，例如以游戏直播为主的平台Twitch、专为电影爱好者构建的平台Letterboxd、能够参与系列阅读挑战的平台Goodreads、连接啤酒酿造商和精酿爱好者的平台Untappd等。这些平台虽然定位小众，但各自在其领域内建立了强大的用户基础和同好社区，为特定兴趣或行业的人们提供价值。[1]在竞争日益白热化的今天，聚焦细分领域、生产垂类内容成为互联网媒体的重要发展方向。

特别值得一提的是，三款来自中国的应用程序Temu（拼多多海外版）、TikTok和CapCut（剪映海外版）成为2023年美国下载量最高的应用程序前三名。这体现了中国互联网媒体平台积极把握用户需求变化，引领用户消费潮流，并通过技术和产品的创新实现了跨文化传播和全球策略的本土化战略。

5.3.4 欧洲——多元语种平台，监管创新并重

欧洲的互联网媒体整体呈现出"全球化平台主导、本地化平台多元"的特征。脸书、优兔、照片墙、X和TikTok等，因其庞大的用户基础和强大的社交网络功能，成为许多欧洲国家的主流社交媒体平台。这些平台能够跨越国界，连接不同国家和文化的网民，实现信息的快速传播和交流。同时由于欧洲多国家、多语言和多文化的不同背景，本地语种所独有的互联网媒体平台也纷纷成长成熟，并占据一席之地。

例如在德国，名为XING的职业化社交媒体平台大受欢迎，在2024年1月拥有约2500万用户[2]，在德国和其他德语区国家拥有较高的市场占有率和用户忠诚度，其凭借其本土化的优势和专业深度，在德国职业社交领域中占据了

---

[1] "10+Niche Social Media Sites &Vertical Networks to Join in 2022", https://www.goodwall.io/blog/niche-social-media-sites/，访问时间：2024年6月17日。

[2] "Information on monthly active users", https://faq.xing.com/en/transparency/information-monthly-active-users，访问时间：2024年7月24日。

重要地位。荷兰的Dumpert是一个流行的视频分享平台，用户可以在平台上分享和观看有趣的视频、图片和新闻等内容。该平台定位年轻、内容多元，并对荷兰文化和用户偏好有着深刻的理解，更能引起本地用户的共鸣，根据2024年6月数据显示，该平台月点击量约为1070万次，其中90%以上来自荷兰。[1] Wykop是波兰最受欢迎的社交新闻网站之一，用户可以在平台上分享、评论和投票新闻和内容，已经形成一种社区驱动的内容推荐模式，许多波兰名人也会参与其中。2024年6月数据显示该平台月访问量约有4070万次[2]，成为波兰网络文化的重要组成部分。而在葡萄牙，老牌的互联网媒体门户SAPO在当今仍然发挥着重要影响力，尽管该平台已经运营了28年之久，但它也通过与时俱进更新和本地化的深耕，在2023年实现了13亿次的页面浏览和350万的月活跃用户。[3]

总的来说，欧洲全球化和本地化并存的特点既体现了全球互联网文化的融合与交流，也反映了欧洲各国语言和文化多样性的独特需求。全球化平台提供了一个广泛的交流平台，而本地化平台则满足了特定地区用户对于语言和文化亲近性的需求，两者共同构成了欧洲互联网媒体的丰富生态。

欧洲地区在互联网媒体发展中的另一重要特色则是对互联网媒体内容监管的重视，无论是之前实施的通用数据保护条例（GDPR），还是近年来对人工智能的定位，可以看出欧洲对于新兴技术监管和规制先行的特征。

2024年3月，欧洲议会以压倒性的票数通过了"人工智能法案"（Artificial Intelligence Act，AI Act），使得欧洲在人工智能伦理规制领域走在了世界前列。该法案旨在为人工智能的应用设立规范和监管框架，是全球首个针对AI的全面立法，它包括对AI系统的透明度要求、风险评估、数据保护和监管合规等多方面的规定。[4] 来自27个国家的代表就AI Act达成了协议，欧盟成员国

---

1 "dumpert.nl Website Traffic, Ranking, Analytics［June 2024］"，https://zh.semrush.com/website/dumpert.nl/overview/，访问时间：2024年7月24日。

2 "wykop.pl Traffic Analytics, Ranking & Audience［June 2024］"，https://www.similarweb.com/website/wykop.pl/#geography，访问时间：2024年7月24日。

3 "3.5 million users per month make SAPO the most visited Portuguese site"，https://en.altice.pt/pt/media/press/2024/january/3-5-milhoes-de-utilizadores-por-mes-fazem-do-sapo-o-site-portugues-mais-visitado，访问时间：2024年7月25日。

4 "EU Policy.Lawmakers approve AI Act with overwhelming majority"，https://www.euronews.com/my-europe/2024/03/13/lawmakers-approve-ai-act-with-overwhelming-majority，访问时间：2024年6月17日。

最终同意实施这一法案。[1] 从积极的一面来说，AI Act会约束社交媒体平台对AI技术的实际使用、限制平台权利、提高系统决策过程的可追溯性和透明度、更好地保障数据安全、鼓励媒体在受版权保护的环境中积极创新；从消极的一面来说，AI Act可能无法理想化地实现其愿景，更多的企业则表示这个法案会抑制创新。

放眼欧洲的互联网发展历程，往往政府和立法机构走在监管的前沿，无论是2022年推出的《数字服务法》(Digital Services Act)和《数字市场法》(Digital Markets Act)还是2024年推出的《数据法》(Data Act)，都通过官方规制旨在提高在线平台的透明度和责任，加强用户保护，并促进公平竞争，希望建立一个更加安全、公平和创新的数字生态系统。这些法案无疑会对互联网媒体产生重大影响，无论是本地的互联网媒体平台还是全球性的平台，都需要在欧盟地区的数据管理、AI应用、内容监管和市场竞争等方面采取应对措施，如建立安全的数据共享机制、对AI进行系统风险评估和强化审核及透明度等。这不仅有助于确保平台在欧洲地区的合规性，还能提升用户信任，推动技术创新，增强市场竞争力。通过积极应对这些变化，欧盟地区的互联网媒体平台可以在新的法规环境中找到发展的新机遇，从而推动创新与风险防控的平衡。

5.3.5 拉丁美洲——本土平台缺乏，多方合作助力

近年来，拉丁美洲国家互联网媒体发展速度整体较快，网络渗透率大幅提高，互联网媒体受益于移动设备的普及和网络基础设施的完善不断发展。尽管数据成本对低收入群体来说仍然昂贵，但该地区电子商务和金融服务的普及有望推动互联网接入和使用率的提升，中低收入阶层表现出巨大增长潜力。[2] 然而由于长期以来的发展缓滞，拉美互联网媒体普遍缺乏自主创新能力，主流社交媒体平台多来自海外。以智利为例，智利是拉丁美洲互联网媒体平台使用率最高的国家之一，在2024年1月约有77%人口使用社交媒体，而其中最受欢迎

---

[1] "EU member states approve world-first AI law", https://thenextweb.com/news/eu-approves-ai-act, 访问时间：2024年6月17日。

[2] "Latin America Digital Report 2023", https://www.atlantico.vc/latin-america-digital-transformation-report-2023, 访问时间：2024年6月17日。

的社交媒体平台是瓦茨艾普和照片墙，这两个平台被广泛应用于日常通信和商业活动。[1] 除了老牌社交媒体，TikTok也在拉丁美洲地区大受欢迎，数据显示，2024年4月巴西成为继印度尼西亚和美国之后TikTok的第三大市场，约有1.01亿巴西用户使用TikTok观看短视频[2]，约有70%的哥伦比亚的互联网用户是TikTok用户，由此可见TikTok在该地区已经形成一定影响力。[3]

拉丁美洲毗邻世界上传媒业最为发达的美国，美国的网络电视、社交媒体平台等在拉丁美洲已建立了显著竞争优势，本土互联网等新兴媒体业务发展面临着巨大竞争压力。即便如此，许多拉丁美洲国家也在努力打造本土的互联网媒体生态。以网络视频为例，阿根廷电信公司（Telecom Argentina）推出了网络电视业务"流动"（Flow），巴西环球集团（Rede Globo）推出的"环球播映"（GloboPlay），墨西哥特莱维萨集团（Televisa）推出了"威克斯"（ViX）和"威克斯+"（ViX+），克莱欧公司推出了"克莱欧视频"（Claro Video），动感星公司提供"动感星播放"（Movistar Play）等等。值得一提的是，拉丁美洲电商公司美客多（Mercado Libre）在2023年推出了广告型网络视频平台"美客多播映"（Mercado Play），已经进入阿根廷、智利和墨西哥。[4] 从上述主要案例可以看出，巴西、阿根廷和墨西哥等国的互联网媒体发展综合实力相对较强，并逐渐通过本地化的战略和多平台的创新尝试通过竞争占据一席之地。

拉丁美洲的互联网媒体发展得到了区域性战略层面上的重视和规划。2024年是拉丁美洲和加勒比地区的数字议程（eLAC）的实现之年。这一议程由各国政府、国际组织、私营部门、学术界和民间社会共同制定，旨在通过推动数字技术的发展和融合来促进经济增长、社会包容和可持续发展。议程主要目标包括普及高质量、可负担的互联网接入，缩小城乡之间和不同社会经济群体之

1　"Social Media in Chile-2023 Stats & Platform Trends"，https://oosga.com/social-media/chl/，访问时间：2024年6月17日。

2　"Countries with the largest TikTok audience as of April 2024"，https://www.statista.com/statistics/1299807/number-of-monthly-unique-tiktok-users/，访问时间：2024年7月16日。

3　"TikTok in Latin America—Statistics & Facts"，https://www.statista.com/topics/9670/tiktok-in-latin-america/，访问时间：2024年7月16日。

4　"拉丁美洲传媒业发展概览（一）"，http://www.carfte.cn/hyfc/2024/06/03/1520031123.html，访问时间：2024年7月24日。

间的数字鸿沟，提升数字素养和技能，推动电子政务，提高公共服务的透明度和效率，以及支持数字初创企业和创新生态系统的发展。作为整体数字化战略的一部分，该议程对互联网媒体产生了深远影响，不仅通过推动普及高质量的互联网接入率扩大了互联网媒体的用户基础，使更多人能够接触到和使用互联网媒体平台和内容，而且，提升数字素养和技能意味着更多的用户能够参与到互联网媒体的内容创作和消费中，推动了用户生成内容的增长和多样化。此外，电子政务的发展提升了公共服务的透明度和效率，可能促进政府与市民之间的互动，通过互联网媒体平台进行信息传递和公共参与。

第6章

世界网络安全发展

随着地缘政治斗争逐渐泛化至网络安全领域，网络空间技术对抗成为国家级竞争、博弈甚至军事冲突的有力武器，以勒索攻击、DDoS、APT攻击、供应链攻击、网络钓鱼攻击等为代表的高隐蔽性、高破坏性攻击活动频发，给全球网络空间带来严重安全威胁。

2023年，美国、欧盟、加拿大、日本、韩国、澳大利亚等国家或地区持续发布网络安全相关战略，网络安全在国家安全中的战略地位持续提升。网络安全机构建设、关键信息基础设施安全防护、开源软件安全开发和使用、供应链安全建设、网络安全演习、人工智能安全监管等方面成为各国在网络安全领域的重点布局。

零信任、机密计算、后量子密码等新技术、新应用持续取得技术创新和突破。新技术的不断发展带动网络安全攻击和防护技术迭代更新，全球数字化进程加快对数据安全提出更为严格的监管要求，全球网络安全产业仍旧保持增长势头，其中网络安全解决方案市场规模较大。然而，全球网络安全人才短缺问题未得到缓解，网络安全预算削减阻碍专业人才发展，2023年全球网络安全人才及专业技能的需求持续扩大。

6.1 全球网络安全形势复杂多变

2023年，全球政治格局和国际关系日益复杂，乌克兰危机持续胶着，中东地区又爆发新一轮巴以冲突。地缘政治紧张局势加重了全球网络安全威胁态势，网络攻击渗透至政治、经济、社会等各个行业领域。同时，随着生成式人工智能、量子技术、卫星互联网等新技术高速发展，网络攻防进入智能化时代，低成本自动化的新形式网络攻击层出不穷，针对关键信息基础设施的网络安全威胁成为世界各国面临的重大安全风险。

6.1.1 地缘政治动荡加剧网络安全威胁

地缘政治局势特别是乌克兰危机、新一轮巴以冲突对全球网络安全形势产生重大影响，国家资助的网络犯罪和黑客行动是主要的威胁来源，地缘政治动荡造成激进黑客活动愈演愈烈，DDoS、数据擦除、勒索软件、恶意软件、钓鱼欺诈、漏洞利用、供应链攻击和深度伪造等攻击活动更加广泛频繁，造成了更大的破坏性影响。国家行为者参与网络战和间谍活动为网络安全威胁形势增添了新的维度，各国在发展网络能力方面投入巨资。国家支持的黑客组织是近年来大型网络攻击事件的罪魁祸首，模糊了传统战争与网络战争之间的界限。2024年2月欧盟网络安全局（ENISA）发布《网络危机管理最佳实践》报告[1]，指出地缘政治局势继续影响着欧盟内部的网络威胁格局，应制定良好的危机管理策略对预期或意外的网络威胁和事件进行规划。

6.1.2 新技术新应用增加网络安全复杂性

生成式人工智能、区块链、量子等新技术和新应用对网络安全带来了深远的影响，既增强了网络安全的能力，提供了新的防御工具和机制，同时也带来了新的挑战和风险，需要持续的技术创新和严密的安全管理来应对。2024年1月，世界经济论坛（WEF）发布的《2024年全球网络安全展望》显示，新兴技术发展将长期加剧网络韧性差距，生成式人工智能将在未来的两年内给予网络攻击者更大的优势，如网络钓鱼、恶意程序、深度伪造等攻击能力的提升将给网络安全带来巨大影响。[2] 5月，美国国家网络总监办公室（ONCD）发布《2024年美国网络安全态势报告》指出，数字通信、先进计算、量子信息、数据存储和处理以及其他关键和新兴技术的持续进步迅速增加了经济和社会的复杂性。[3]

6.1.3 关键信息基础设施安全日益严峻

2023年，针对关键信息基础设施的网络攻击已经演变成了一个全球性的问题，关键信息基础设施网络安全风险愈发严重。2023年12月，美国土安全部（DHS）发文称，关键基础设施面临的网络安全威胁是美国面临的最重大战略风险之一，威胁着美国的国家安全、经济繁荣以及公共健康和安全。[4] 2024年3月，《联邦公报》公布了美国国土安全部网络安全与基础设施安全局（CISA）

1　European Union Agency for Cybersecurity：BEST PRACTICES FOR CYBER CRISIS MANAGEMENT，2024年2月。
2　World Economi Forum：Global Cybersecurity Outlook 2024，2024年1月。
3　OFFICE OF THE NATIONAL CYBERDIRECTOR：2024 REPORT ON THE CYBERSECURITY POSTURE OF THE UNITED STATES，2024年5月。
4　"Secure Cyberspace and Critical Infrastructure"，https://www.dhs.gov/secure-cyberspace-and-critical-infrastructure，访问时间：2024年6月26日。

的《拟议规则制定通知》(NPRM)，详细说明了新网络安全报告要求，要求关键信息基础设施领域公司在规定时间内报告网络安全事件，包括："重大网络安全事件"须在72小时内报告，勒索软件攻击须在24小时内报告。5月，美国国家网络总监办公室发布《2024年国家网络安全态势报告》，指出数字通信、量子信息等新兴技术将世界各地的人联系起来，促进了信息物理系统的扩散，并在每个行业的关键信息基础设施和重要服务之间建立了新的依赖关系，应增强关键信息基础设施保护。

6.2 网络安全威胁态势愈演愈烈

近一年来，因为全球的地缘政治紧张局势，日趋复杂的监管环境以及云计算、人工智能等创新技术的广泛应用，全球正面临更加严峻的网络安全威胁和挑战。勒索软件、数据泄露、DDoS攻击、APT攻击、漏洞威胁和供应链攻击是主要的网络安全威胁，医疗健康、金融和教育等行业是网络安全威胁的重灾区。

6.2.1 典型网络安全威胁发展态势

1. 勒索软件

2023年，勒索软件攻击频发，对国家安全、公共安全和经济繁荣造成持续威胁。以色列捷邦（Check Point）公司《2024年网络安全报告》显示，勒索软件对业务运营的影响不断升级，并在2023年达到顶峰，攻击者不断改进策略，利用0Day漏洞并通过新的勒索策略增强了勒索软件即服务（RaaS），高价值目标成为主要攻击目标。[1] 美国趋势科技公司（Trend Micro）《2023年网络安全报告》显示，勒索软件攻击活动愈加复杂，主要表现为：攻击者通过在受害终端上实施远程加密的方式来发起勒索软件攻击，从而更好地隐蔽其攻击痕迹；攻击者采用间歇性加密方式，在提高加密速度的同时增加解密难度；攻击者利

---

1 "INTRODUCTION TO THE 2024 CYBER SECURITY REPORT", https://go.checkpoint.com/2024-cyber-security-report/chapter-01.php，访问时间：2024年6月26日。

用未被监测的虚拟机来绕过终端检测与响应（EDR），从而达到文件访问、映射、加密目的。2023年监测到的勒索软件攻击数量与前一年基本持平，但与2020年相比，减少了一半以上，总体呈下降趋势。从全球来看，亚洲为勒索软件攻击的主要受害地区，其次为美洲和欧洲。受害最严重的国家和地区分别为泰国、美国、土耳其、中国台湾、印度。企业为勒索软件主要攻击目标，行业主要集中在银行业，其次为政府、科技、零售、快消品。[1]

为应对全球日益紧张的勒索软件攻击形势，2023年10月31日至11月1日，国际反勒索软件倡议（CRI）召集50个成员（包括48个成员国、国际刑警组织及欧盟）在美国华盛顿特区举行第三次会议。会议联合声明称CRI将重点关注加强能力破坏勒索软件攻击者及其基础设施，通过信息共享促进网络安全，并对勒索软件行为者采取果断行动，成员国政府不应支付赎金等。

2. 数据泄露

2023年数据泄露形势愈发严峻。美国Verizon公司《2024年数据泄露调查报告》显示，通过对2023年大量真实网络安全事件进行分析，确认了10626起数据泄露事件，创历史新高。[2] 美国IBM公司《2024年数据泄露成本报告》显示，在对全球604家机构在2023年3月至2024年2月期间的真实数据泄露事件展开了深入分析后发现，全球数据泄露事件的平均成本在今年达到488万美元，而随着其破坏性越来越大，组织对网络安全团队的要求也进一步提高。与上一年相比，数据泄露带来的成本增加了10%，是自2020年来增幅最大的一年；70%的受访企业表示，数据泄露造成了重大或非常重大的业务中断。2023年，一半以上的受访企业存在严重或高级别的安全人员短缺问题，导致数据泄露成本大幅增加：对于存在高级安全人员短缺问题的企业，数据泄露成本为574万美元；而对于存在低级别人员短缺问题或不存在人员短缺问题的企业，数据泄露成本则为398万美元。目前，企业纷纷开始采用生成式人工智能（Gen AI）技术，预计这将给安全团队带来新的风险。[3]

---

1 Trend Micro：CALIBRATING EXPANSION: 2023 ANNUAL CYBERSECURITY REPORT，2024年3月。
2 Verizon：2024 Data Breach Investigations Report，2024年5月。
3 "IBM发布《2024年数据泄露成本报告》"，https://china.newsroom.ibm.com/2024-07-31-IBM-2024-，AI，访问时间：2024年8月19日。

法国泰雷兹（Thales）公司《2024年数据威胁报告》显示，人为因素仍然是云数据泄露的主要原因，其中用户错误占比为31%，未对特权账户应用多因素验证（MFA）占比为17%。[1] 此外，以色列捷邦公司《2024年网络安全报告》显示，从2022年到2023年，数据泄露集体诉讼数量增加了一倍。

3. 分布式拒绝服务攻击

2023年，全球DDoS攻击依旧"活跃"。美国Akamai网络公司"2023年DDoS趋势回顾与2024年实用行动策略"显示，DDoS攻击的频率、持续时间和复杂性持续增长，且攻击集中于横向目标（在同一攻击事件中攻击多个IP目标）。从行业来看，银行和金融服务行业领域在2023年遭受的DDoS攻击数量排名中高居首位。网络犯罪团伙、有地缘政治动机的黑客和攻击者采用了成本相对较低的DDoS攻击方法，并利用由物联网（IoT）设备构成的大规模僵尸网络以及协议级0Day漏洞，向企业、政府机构等公共基础设施发起规模庞大的攻击。[2] 清华大学、华为等联合发布的《2023年全球DDoS攻击现状与趋势分析》显示，2023年DDoS攻击态势主要呈现以下几大特点：超大规模攻击异常活跃；攻击频次继续呈增长趋势；大流量攻击持续呈秒级加速态势；攻击复杂度持续提升，攻击威胁加剧；全球攻击目标地域分布排序为亚太地区、拉丁美洲地区、欧洲地区。[3]

4. 高级持续性威胁

2023年，组织性复杂、计划性高效和针对性明确的网络攻击活动更趋常态化，APT攻击成为网络空间中社会影响最广、防御难度最高、关联地缘博弈最紧密的突出风险源。[4] 2023年，APT攻击主要针对政府机构、国防军事、科研教育、信息技术四大行业，此外金融、通信、新闻媒体、航空航天、医疗卫生、能源等行业也易受攻击。在针对政府部门的APT攻击中，与外交相关的活动占比超五

---

[1] Thales：2024 DATA THREAT REPORT，2024年3月。
[2] "2023年DDoS趋势回顾与2024年实用行动策略"，https://www.akamai.com/zh/blog/security/a-retrospective-on-ddos-trends-in-2023，访问时间：2024年6月26日。
[3] "2023年全球DDoS攻击现状与趋势分析"，https://e.huawei.com/cn/material/networking/security/333e0bdd9694437e80aac4b436781fe3，访问时间：2024年6月26日。
[4] "《2023年全球高级持续性威胁研究报告》：芯片、5G、供应链等领域安全威胁加剧"，https://360.net/about/news/article65b8b15f300015001f208f83，访问时间：2024年6月26日。

分之一，相比往年更加突出；针对国防军事目标的APT攻击主要集中在地区地缘政治关系极度复杂的东欧、南亚两个地区；信息技术行业发现多起供应链相关APT攻击；科研教育行业遭受APT攻击的三大重灾区为韩国、中国、印度。

总的来看，2023年全球APT攻击呈现出以下特点：一是针对移动平台的攻击逐渐增加；二是路由、防火墙等网络设备成为重要攻击目标；三是网络军火商的强介入影响攻防对抗局面；四是软件二次开发伴随的安全问题愈发严重等。[1]

5. 漏洞威胁

2023年公开漏洞的总数持续上升，网络攻击者利用漏洞的形势发生明显变化。美国CrowdStrike公司《2024年全球威胁报告》显示，越来越多的攻击者开始专注于利用已经停止更新维护的产品的漏洞，利用已有的攻击手段发起攻击。[2]中国新华三集团安全攻防实验室发布的《2023年网络安全漏洞态势报告》显示[3]，2023年Web应用类漏洞占比仍然为第一位，占比40.2%，其次是应用程序、操作系统漏洞，分别占比29.2%、9.1%。2023年，漏洞数量持续增长，0Day漏洞利用数明显增加；大量N-Day漏洞被积极利用，Log4j漏洞仍是攻击首要目标；配置不当引发整体安全风险，身份验证和访问权限管理不当造成漏洞增加；数据泄露与滥用风险涌现，数据泄露事件创历史新高；勒索团伙加速高危漏洞武器化利用，勒索攻击高位增长；大语言模型成为攻防"双刃剑"，其快速演进加剧攻防不对等；VR/AR设备漏洞开始显现，以人体感官为中心的设备安全面临挑战。

6. 供应链攻击

随着开源、云原生等技术的应用，软件供应链开始向多元化发展，供应链攻击正在逐渐升级，威胁越来越大，并利用可信软件来最大限度地提高攻击的投资回报率。美国Sonatype公司《软件供应链报告》指出，2023年发现的恶意软件包的数量是2019—2022年总和的二倍，表明软件供应链是增长最快的网络攻击载体之一。此外，利用软件供应链攻击的国家行为者数量有所增加。[4]美国

---

[1] 奇安信：《全球高级持续性威胁（APT）2023年度报告》，2024年2月。

[2] "Crowd Strike 2024 Global Threat Report", https://www.crowdstrike.com/global-threat-report/，访问时间：2024年6月26日。

[3] 新华三：《2023年网络安全漏洞态势报告》，2024年2月。

[4] "Sonatype: 9th Annual State of the Software Supply Chain", https://www.sonatype.com/state-of-the-software-supply-chain/introduction#hero-start，访问时间：2024年6月21日。

Reversing Labs公司《2024年软件供应链安全报告》显示，2023年软件供应链攻击的门槛有所降低，2024年很可能还会继续降低，导致不太熟练的网络攻击者也可以开展影响较大的网络攻击活动。[1]

7. 网络钓鱼

网络钓鱼作为一种常见的网络威胁，随着技术的不断发展，手段愈发高明，愈加多样化。反网络钓鱼组织（APWG）《2024年第一季度网络钓鱼活动趋势报告》显示，2023年监测到近500万次钓鱼攻击，是有记录以来最多的一年，2024年第一季度针对社交媒体的钓鱼攻击占比最高。[2] 美国Cloudflare公司《2023年网络钓鱼威胁报告》显示，网络钓鱼仍然是最主要，且还在快速增长的网络犯罪活动，其中欺诈性链接是网络钓鱼攻击者使用最多的攻击手段，占威胁总数的35.6%；通过电子邮件身份验证无法完全阻止威胁，有89%的有害邮件能够通过检查；身份欺骗占比从去年的10.3%增加到14.2%，达到3960万次；约三分之一的网络钓鱼威胁使用的是新注册的域名。[3] 据相关报道，多年来网络钓鱼攻击方式不断演进，从最初简单的电子邮件诈骗，到与人工智能等技术相结合，主要呈现10大趋势特点，分别为：利用人工智能技术、利用云服务漏洞、针对移动设备、瞄准物联网、瞄准社交媒体、利用网络钓鱼发起勒索软件攻击、利用深度伪造技术、利用机器学习技术、瞄准中小企业、拥有政府背景。[4]

6.2.2 重点行业网络安全情况

1. 医疗健康行业

近年来，医疗健康行业把在线技术应用到远程医疗、病例记录等诸多领域，数字化转型不断推进。但医疗健康行业因其数据的敏感性、高价值，使其成为网络攻击者的重要目标。2024年1月，美国医疗健康领域网络安全公司

---

[1] ReversingLabs：The State of Software Supply Chain Security 2024，2024年1月。
[2] APWG：PHISHING ACTIVITY TRENDS REPORT 1st Quarter 2024，2024年5月。
[3] CLOUDFLARE：2023 Phishing Threats Report，2023年8月。
[4] "Phishing in 2024: Here's What to Expect"，https://cybersecurity-magazine.com/phishing-in-2024-heres-what-to-expect/#:~:text=Phishing%20in%202024%3A%20Here%E2%80%99s%20What%20to%20Expect%201,8%208.%20The%20Role%20of%20Machine%20Learning%20%E6%9C%BA%E5%99%A8%E5%AD%A6%E4%B9%A0%E7%9A%84%E7%9B%AE%E7%9A%84，访问时间：2024年6月26日。

Fortified Health Security发布的报告显示，2023年泄露的患者记录数据数量同比增长108%，超过1.16亿条记录遭到泄露。2023年美国有655起泄露事件，泄露超过200万条患者记录的事件有16起，而2022年只有3起。过去10年（2013—2023年），超过5100起医疗泄露事件导致美国约4.89亿份患者记录的数据泄露，对医院和患者带来重大隐患。[1] IBM《2024年数据泄露成本报告》显示，医疗保健行业的数据泄露损失为977万美元，连续14年成为数据泄露平均损失最高的行业。[2]

2. 教育行业

虽然过去几年，教育行业的网络安全意识和防御措施都有了明显改善，但2023年教育行业仍是网络攻击者的首要目标，平均每周遭受攻击的次数高达2046次。[3] 英国政府发布的《2024年网络安全漏洞调查：教育机构附件》显示，相比于英国企业，教育机构（中小学、继续教育、高等教育）在过去12个月内更有可能发现网络安全漏洞或被攻击，具体来看：52%的小学、71%的中学、86%的继续教育学院以及97%的高等教育机构在过去一年发现了漏洞或遭受了网络攻击。[4]

3. 金融行业

金融企业处理大量敏感数据和交易，因此经常成为试图窃取资金或破坏经济活动的犯罪分子的攻击目标。2024年4月，国际货币基金组织发布《全球金融稳定报告》指出，针对金融企业的攻击占所有攻击总数的近五分之一，其中银行受到的影响最大。网络安全事件造成企业出现资金问题、危及偿付能力的风险正在增加。自2017年以来，网络安全事件造成的损失增加了三倍多，达到25亿美元，然而声誉受损或安全系统升级支出等间接损失要高得多。[5]

---

[1] Fortified Health Security：Horizon Report 2024 – The state of cybersecurity in healthcare，2024年1月。

[2] "2024年数据泄露成本报告"，https://www.ibm.com/cn-zh/reports/data-breach，访问时间：2024年6月26日。

[3] "INTRODUCTION TO THE 2024 CYBER SECURITY REPORT"，https://go.checkpoint.com/2024-cyber-security-report/chapter-01.php，访问时间：2024年6月26日。

[4] "Cyber security breaches survey 2024: education institutions annex"，https://www.gov.uk/government/statistics/cyber-security-breaches-survey-2024/cyber-security-breaches-survey-2024-education-institutions-annex，访问时间：2024年6月26日。

[5] 国际货币基金组织：《全球金融稳定报告》，2024年4月。

6.3 各国加强布局网络安全工作

一年来，世界主要国家聚焦网络空间安全顶层战略规划，从网络安全战略制定、机构设置、关键信息基础设施和供应链安全建设、开源软件安全、网络安全对抗演习和人工智能监管等方面积极推进网络安全相关工作，应对网络空间重大挑战。

6.3.1 高度重视网络安全战略地位

面对全球网络安全威胁，一年多以来，世界多国持续出台网络安全相关政策文件（详见表6-1），加强国家信息基础设施防护，推动网络安全技术发展和应用，强化网络风险应对能力，加强网络安全人才培养，提升国家网络安全综合能力建设。

表6-1 2023年3月—2024年5月部分国家发布网络安全相关政策

时间	文件名	国家	相关内容
2023.03	《国家网络安全战略》	美国	从保护关键基础设施、破坏和瓦解恶意网络行为者的威胁、塑造市场力量以推动安全性和韧性、投资有韧性的数字未来、建立国际伙伴关系以追求共同目标这五大支柱详细阐述了美国接下来应对网络安全威胁的策略。
2023.07	《国家网络安全战略实施计划》	美国	提高应对重大网络攻击的长期防御能力。
2023.07	《国家网络人才与教育战略》	美国	开启为期数年的系统性培养网络安全技能和能力计划。
2023.08	《2024—2026财年网络安全战略计划》	美国	目的是解决现有威胁，加固网络态势，大规模提升安全性。
2023.09	《2023年美国防部网络战略摘要》（非机密）	美国	美国防部为应对当前和未来的网络威胁将采取的四项总体优先事项。

续表一

时间	文件名	国家	相关内容
2023.09	《太空政策审查和卫星保护战略》	美国	阐释了太空资产在美国家安全中的重要性和面临的威胁，明确了国防部在太空系统建设方面的主要优先事项。
2023.11	《海军网络战略》	美国	用于海军和海军陆战队，重点是加强海军的网络态势。
2023.11	《信息环境行动战略》	美国	塑造和改进国防部能力和部队的规划、资源配置与使用，在信息环境中快速、无缝地同步和整合国防部行动以加强综合威慑。
2023.11	《数据、分析和人工智能应用战略》	美国	重点关注美国防部如何以所有部门可重复的方式加速数据、分析和人工智能的采用。
2024.03	《2024年国防工业基础网络安全战略》	美国	加强美国防部与国防工业基础合作，进一步协调和统筹资源，以提高美国国防供应商和生产商的网络安全。
2024.04	《关键基础设施网络事件报告法案拟议规则制定通知（NPRM）》	美国	提高CISA使用向该机构报告的网络安全事件和勒索软件支付信息的能力，以便实时识别模式、填补关键信息空白、快速部署资源以帮助遭受网络攻击的实体，并通知其他可能受到影响的人。
2024.04	《关于关键基础设施安全和韧性的国家安全备忘录》	美国	取代美国前总统奥巴马10年前发布的一份关于关键基础设施保护的总统政策文件，并启动一项全面努力来保护美国基础设施免受当前和未来的所有威胁和危害。
2024.05	《美国国际网络空间和数字政策战略》	美国	指导国际社会参与技术外交并推动美国《国家安全战略》和《美国国家网络安全战略》。
2024.05	《国家网络安全战略实施计划（第二版）》	美国	提出落实战略的100项举措，重点关注供应链风险、勒索软件威胁、软件漏洞管理、公私合作等方面。
2023.03	《国家量子战略》	英国	描述了未来10年英国成为领先量子经济体的愿景及行动计划，并阐述了量子技术对英国国家安全的重要性。

续表二

时间	文件名	国家	相关内容
2023.03	《量子2030》	加拿大	该计划确定了4种具有国防和安全应用前景的量子技术：量子增强雷达、量子增强型光探测技术、用于国防和安全的量子算法以及量子网络。
2024.05	《加拿大政府的企业网络安全战略》	加拿大	加拿大政府首个企业网络安全战略，将改善各部门之间的协作并提高整个网络安全。
2023.06	《国家量子科技战略》	韩国	包含量子科技的中长期愿景和全面发展战略，以实现国家量子科学、技术和产业的飞跃。
2023.06	《国家安保战略：自由、和平、繁荣的全球中枢国家》	韩国	在"强化国家网络安全力量"部分提出：一是建立国家层面应对体系；二是加强应对全球网络安全威胁；三是与国际社会加强合作；四是加强网络安全基础力量。
2024.02	《国家网络安全战略》(新版)	韩国	以进攻性的、先发制人的姿态应对敌对势力制造的网络安全威胁。
2023.04	《量子技术行动计划》	德国	德国联邦政府2023—2026年量子技术活动的新战略框架。
2023.08	《国家数据战略》	德国	战略延续了2021年《数据战略》以及2022年《数字化战略》的基本框架，旨在更有效地利用生成数据，加强数字创新，提高竞争力。
2023.11	《人工智能行动计划》	德国	帮助德国在国家和欧洲层面促进人工智能的发展。
2023.05	《国家量子战略》	澳大利亚	概述了澳大利亚将如何抓住量子未来并保持全球领先地位。
2023.11	《2023—2030年的澳大利亚网络安全战略》	澳大利亚	该战略提出了六种网络"盾牌"，即强化企业和公民网络安全，安全技术，有效的威胁信息共享和封堵，保护关键基础设施，促进自主能力，以及培养有韧性的区域和全球领导力。

6.3.2 优化网络安全相关机构

为抵御网络安全威胁、保护数据安全，世界各国积极组建、优化相关部门及组织，加强网络安全和数据安全监管管理。

2023年8月，印度尼西亚国家网络和加密局（BSSN）成立了17个计算机安全事件响应小组（CSIRT），以应对新出现的网络威胁。9月，越南国家网络安全协会成立并召开第一次全国代表大会，通过联合国家机构、组织、企业及个人的力量，共同应对日益复杂的网络安全形势。12月，美国联邦通信委员会宣布着手组建新一届"通信安全、可靠性和互操作性委员会"，研究人工智能和机器学习技术如何促进通信网络安全。2024年1月，美国国防信息系统局（DISA）透露计划建立"J2"情报部门，提供"全球态势感知及威胁评估"，以更好地了解对手针对其管理的计算机、敏感网络和通信线路的威胁。3月，美国教育部与CISA协调，宣布成立教育设施政府协调委员会，用以加强美国K-12教育机构的网络安全。4月，美国网络司令部成立人工智能特别工作组，重点为网络任务部队行动提供人工智能技术能力，为负责任、道德、可靠和安全地应用人工智能提供重要的政策和标准，实现对人工智能的系统性应用。

6.3.3 强化关键信息基础设施安全防护

关键信息基础设施的安全漏洞可能会对社会造成难以预估的破坏，受到世界各地政府和监管机构的关注。2024年2月，美国网络安全与基础设施安全局公布了其"联合网络防御协作机制"（JCDC）2024年的优先事项，包括防御APT、提高关键信息基础设施网络安全水平、预测新兴技术及其风险。同月，欧盟发布《欧洲通信基础设施及网络的网络安全和韧性评估报告》，确定了Wiper恶意软件、勒索软件攻击、供应链攻击、物理攻击等威胁类型，认为相关威胁可能对连接基础设施的安全性和韧性构成重大风险。3月，澳大利亚网络和基础设施安全中心（CISC）发布最新《国家重要系统网络安全指南》，旨在加强国家重要系统（SoNS）的网络安全措施。同月，欧盟委员会通过了欧盟第一个关于电力部门网络安全的规范，建立电力部门网络安全风险评估流程，提高关键能源基础设施网络韧性。

美国在关键信息基础设施的安全防护能力建设方面居于世界前列。为提升关键信息基础设施的安全性和韧性，美政府近一年来积极布局关键信息基础设施相关行业安全防护工作。2023年9月，美国政府问责局发布《关键基础设施保护：国家网络安全战略需要解决信息共享绩效衡量标准和方法》，指出联邦机构和关键基础设施所有者及运营商共享网络威胁信息十分重要。11月，美国土安全部、网络安全与基础设施安全局和联邦紧急事务管理局（FEMA）宣布了一项"Shields Ready"活动，以鼓励关键基础设施社区专注于增强抵御能力。2024年4月，美国国土安全部发布指南和报告，应对影响美国关键基础设施系统安全的跨部门人工智能风险，保护关键基础设施和大规模毁灭性武器免受人工智能相关威胁。同月，美国白宫发布《关于关键基础设施安全和韧性的国家安全备忘录》，意在加强关键基础设施的安全性和韧性，其中对关键基础设施的网络安全提出了诸多要求。

6.3.4 注重开源软件安全

基于对开源软件的依赖性、风险形势和生态系统复杂性的认识，美国、欧盟等国家或地区对开源软件安全愈发重视。

2023年8月，美联邦政府发布《关于开源软件安全的信息请求》，旨在确定政府应重点关注的领域，并解决开源软件安全的一些关键问题，来进一步推动开源软件安全倡议（OS3I）跨部门工作组的工作。9月，美CISA发布《开源软件安全路线图》，阐明了风险评估和实施计划，旨在实现开源软件的安全使用和开发。2024年3月，美CISA举办首届开源软件安全峰会，召集包括开源基金会、民间社会、行业和联邦机构等在内的开源软件社区领导人并宣布了帮助保护开源生态系统的关键行动。4月，开源安全基金会（OpenSSF）与CISA以及国土安全部（DHS）科学技术局（S&T）合作，推出一种新型创新型开源软件供应链工具Protobom，该工具使所有组织（包括系统管理员和软件开发社区）能够读取和生成软件物料清单（SBOM）及文件数据，以及在标准行业SBOM格式之间转换这些数据。6月，美、澳、加三国网络安全相关机构，联合发布《探索关键开源项目中的内存安全》，通过对开源安全基金会关键项目列表中的172个项目进行分析，发现Linux内核等52%的项目使用了内存不安全编程语言。

6.3.5 推进供应链安全建设

随着经济和贸易全球化的发展，供应链安全面临的威胁和挑战不断加剧，各国缺乏应对供应链攻击的有效措施。供应链攻击的最大特点是"突破一点，伤及一片"，呈现由点到面的巨大破坏性，供应链安全体系建设已成为网络安全领域重点工作。

2023年4月，美国CISA与其他17个美国部门以及国际合作伙伴共同发布了"安全设计"计划，旨在将软件风险负担从消费者（购买者）转移到软件生产者（开发公司）。6月，CISA和国家安全局（NSA）发布了《关于保护持续集成/持续交付（CI/CD）环境的网络安全信息表（CSI）》，其中概述了在软件开发、安全和运营（DevSecOps）过程中改进防御的建议和最佳实践。7月，美国证券交易委员会（SEC）发布了一套关于"网络安全风险管理、战略、治理和事件披露"的规则，要求SEC注册人必须披露重大网络安全事件，并每年披露有关公司网络安全状况的"基本重要信息"。9月，美国食品药品管理局（FDA）发布《医疗器械的网络安全：质量体系考虑和上市前提交的内容》，作为器械制造商的参考文件，器械制造商必须根据相关要求报告其医疗器械的网络安全情况。10月，CISA发布《软件识别生态系统方案分析》，对软件识别生态系统的未来发展方向及优缺点进行了阐述，并公开征求意见。11月，作为《保护软件供应链》指南第二阶段的一部分，持久安全框架软件供应链（ESF）工作小组发布面向开发商、供应商和客户的《保护软件供应链：软件物料清单消耗的推荐做法》指南。2024年6月，七国集团峰会号召建立伙伴关系以促进供应链的韧性并减少关键依赖，并与发展中国家和新兴市场的伙伴合作，在促进高标准的同时增加其对全球供应链的参与。

6.3.6 网络安全演习持续开展

网络安全演习在数字时代的作用不断深化，既是国家整体国防网络战略的重要组成部分，在网络防御、人才培养等方面的作用也日益突出。过去一年，世界各国持续举行专项网络安全演习并加强联合演习，借此提高网络攻防战斗力水平、验证新技术和新装备、催生网络作战和联合作战概念（详见表6-2）。

表6-2　2023年6月—2024年6月全球部分网络安全演习

时间	演习名称	举办国（地区、组织）	演习介绍
2023.07	"断网"演习	俄罗斯	演习内容为关闭其国内网络与国际互联网的连接，测试互联网基础设施在无法访问国际互联网的情况下如何保持正常运转。
2023.09	"波罗的海闪电战"网络安全演习	美国、爱沙尼亚、波兰	此次活动是美国、爱沙尼亚和波兰首次举行的三边网络演习，旨在使参与国能够共同训练并分享网络防御的最佳实践，并加强三国间的关系。
2023.10	"蓝图操作级别演习"	欧盟	此次活动聚集了来自27个成员国负责网络危机管理和/或网络政策的主管机构的高级别参与者。Blue OLEx 2023测试了欧盟在发生网络危机时的准备情况，并加强了国家网络安全当局、欧盟委员会和ENISA之间的合作。
2023.11	"网络联盟"网络防御演习	北约	演习旨在增强北约盟国和合作伙伴应对网络威胁的能力以及共同开展网络行动的能力，促进参与国加强技术和信息共享方面的合作。
2024.04	"锁盾-2024"网络安全演习	北约	此次演习规模创历史之最，背景想定、内容设计和用兵策略更加实际，是在网络空间无形战场展开的一场体系化攻防对抗。
2024.04	"网络风暴"演习	美国	此次演习以食品和农业公司为目标，模拟食品供应链安全遭到网络攻击的场景，参与者在演习中实践其网络事件响应计划，并探索协调和信息共享的机会。
2024.05	"网络扬基"演习	美国	演习旨在评估美国政府对涉及关键基础设施和关键资源的重大网络事件的响应。
2024.05	"网络旗帜"演习	美国	此次演习旨在磨炼跨国合作应对网络威胁的技能，并分享针对敌方网络活动的情报。

6.3.7　人工智能安全监管受到各国重视

随着人工智能在世界范围内的广泛应用，各国政府正密切关注其自身带来的安全问题，推动相应的监管措施出台（详见表6-3）。当前人工智能监管涉及的特定领域逐渐趋向共识，规则监管和技术监管逐步细化成熟。在监管目标上，针对数据安全和个人隐私保护、内容合规、知识产权保护等方面给予一致关注；在监管与治理模式上，强调风险识别与评估、风险和场景结合的分类分级监管，并强化算法及模型的透明度和可解释性；在监管实践中，设置专业治理机构，运用技术手段和标准具化监管要求；在加强国际合作的同时，积极抢占人工智能治理规则的话语权。

表6-3　2023年以来世界主要国家（地区、组织）人工智能监管文件

时间	文件	国家（地区、组织）	主要内容
2023.01	《人工智能风险管理框架》（AI RMF 1.0）	美国	旨在指导机构组织在开发和部署人工智能系统时降低安全风险，提高人工智能可信度。
2023.03	《支持创新的人工智能监管规则》	英国	提出监管的框架体系，明确监管规则和基本特征。
2023.03	《版权登记指南：包含人工智能生成材料的作品》	美国	阐明在审查和注册包含人工智能作品的保护范围、具体注册要求和方式。
2023.05	《人工智能行动计划》	法国	部署尊重个人隐私的人工智能系统。
2023.07	《生成式人工智能服务管理暂行办法》	中国	促进生成式人工智能健康发展和规范应用。
2023.07	《人工智能领域监管沙盒报告》	经济合作与发展组织	报告提出了人工智能沙盒面临挑战以及解决方案，包括但不限于多方合作、增加监管机构内部专业能力等。
2023.08	《人工智能时代个人信息安全使用指南》	韩国	旨在平衡人工智能技术创新发展与风险管控。
2023.10	《关于安全、可靠和值得信赖地开发和使用人工智能的行政命令》	美国	在保护公民隐私、促进人工智能创新发展、扩大国家影响力等八个方面作出规定。
2023.10	《广岛进程组织开发先进人工智能系统的国际指导原则》《广岛进程组织开发高级人工智能系统的国际行为准则》	七国集团	解决人工智能技术带来的隐私问题和滥用风险等。

续表一

时间	文件	国家（地区、组织）	主要内容
2023.11	《布莱切利宣言》	中国、美国等28国及欧盟	承诺共同合作管理人工智能风险。
2023.11	《安全人工智能系统开发指南》	英国、美国等18国	旨在提高人工智能的网络安全水平，确保设计和使用人工智能的公司在开发和部署人工智能时保护客户和广大公众的安全。
2023.11	《人工智能路线图》	美国	旨在确保人工智能安全开发和实施。
2023.12	《广岛人工智能进程：G7数字与科技部长声明》	七国集团	对人工智能全生命周期进行风险监控。
2023.12	《以人为本的人工智能治理》	联合国	强调了人工智能在当前和未来一段时期潜在的风险挑战。
2023.12	《生成式人工智能技术的基本原则：负责任、可信和隐私保护》	加拿大	旨在规制生成式人工智能技术，重点在个人信息保护方面。
2023.12	《国家人工智能战略2.0》	新加坡	引导人工智能解决当前的需求和挑战，培养个人、企业和社区信任地使用人工智能。
2024.01	《人工智能运营商指南（草案）》	日本	为日本人工智能治理提供统一的指导方针，促进安全可靠地使用人工智能。
2024.03	《抓住安全、可靠和值得信赖的人工智能系统带来的机遇，促进可持续发展》	联合国	强调人工智能系统在设计、开发、部署和使用等过程中必须以人为本、符合道德、具有包容性，充分尊重人权和国际法。
2024.06	《生成式人工智能与EUDPR（〈欧盟2018/1725号条例〉）》指南	欧盟	旨在为欧盟机构、部门等在使用生成式人工智能系统处理个人数据时提供操作建议，帮助其遵守《欧盟2018/1725号条例》。
2024.06	《人工智能、数据治理和隐私：协同作用及国际合作的报告》	经济合作与发展组织	报告探讨了人工智能特别是生成式人工智能的崛起对数据治理和隐私带来的挑战和机遇，并强调了在这些领域加强国际合作的重要性。

续表二

时间	文件	国家（地区、组织）	主要内容
2024.07	《人工智能全球治理上海宣言》	2024世界人工智能大会暨人工智能全球治理高级别会议	文件主要分为促进人工智能发展、维护人工智能安全、构建人工智能治理体系、加强社会参与和提升公众素养、提升生活品质与社会福祉等部分。

6.4 网络安全技术理念持续发展

据Cybersecurity Ventures预测，到2024年全球网络犯罪造成的损失将达到9.5万亿美元，到2025年将达到10.5万亿美元。[1] 为了更好应对日益严峻的网络安全形势，提高关键信息基础设施、重要信息系统和整体网络空间的安全保障能力，以零信任、机密计算、后量子密码等为代表的网络安全新技术蓬勃发展并不断取得突破。

6.4.1 零信任网络安全架构开始部署

2023年1月，美国陆军成立了零信任架构能力管理办公室，加速推进零信任架构实施，其目标是确保信息系统的安全性，防止任何形式未经授权的访问和数据泄露，到2027年形成由零信任架构提供全面安全保护的统一网络。2月，美国国防信息系统局（DISA）宣布博思艾伦·汉密尔顿公司完成零信任项目"雷霆穹顶"（Thunderdome）企业级网络安全样机，该样机标志着美国军方零信任建设工作由理论研究转向实践，美国国防部、DISA各总部和DISA战地司令部等单位的约1600名用户已开始试用该项目的原型架构。4月，CISA发布《零信任成熟度模型2.0》指南，指导各政府和军事部门因地制宜地制定各自的零信任发展规划。7月，DISA与博思艾伦·汉密尔顿公司签订生产合同，以大规模部署零信任架构，这意味着美军将部署高度体系化的零信任架构。同月，Fortinet发布《2023年全球零信任发展报告》，指出零信任相关部署占比正稳步

---

1 Cybercrime Magazine："Cybercrime To Cost The World \$9.5 Trillion USD Annually In 2024"，https://cybersecurityventures.com/cybercrime-to-cost-the-world-9-trillion-annually-in-2024/，访问时间：2024年5月31日。

提升。8月，中国信息通信研究院发布了《零信任发展研究报告（2023）》，指出中国正从政策、行业实践、产业发展等方面对零信任进行积极探索，前期以推动零信任理论研究和技术创新为主，后期加强零信任技术应用和工程落地。

6.4.2 机密计算技术快速发展

机密计算是涉及硬件安全、系统安全、数据安全等在内的一种新型安全计算模式，通过在基于硬件的可信执行环境（TEE）中执行计算来保护使用中的数据。[1] 2023年7月，VMware、AMD、三星和RISC-V Keystone社区共同推进机密计算标准的建立，加大机密计算认证框架的构建，以实现实用的机密计算技术。[2] 围绕GPU、ARM、RISC-V等硬件环境的机密计算技术在2023年取得了快速发展：提出了以机密GPU为代表的异构TEE；实现基于ARM CCA的TEE安全架构扩展；在基于RISC-V开放性软硬件TEE架构方面，提出了能够抵御瞬态执行攻击和微架构侧信道攻击的内存共享机制。另外，新一代机密计算通信框架（Confidential 6G）可为6G等新型通信技术提供机密计算能力，如欧盟于2023年立项的Confidential 6G项目。

6.4.3 后量子密码应用探索稳步推进

对于量子计算带来的网络威胁，美欧等西方国家重点布局后量子密码（PQC）研究工作，特别是美国已准备在全美范围内普及后量子密码。2023年8月，美国国家标准与技术研究院（NIST）发布后量子密码标准草案，借此将其打造成后量子加密的全球框架。欧盟、德国、法国、荷兰、英国、加拿大、新西兰、日本、新加坡等国家和地区考虑参考NIST相关标准。韩国PQC标准化项目KpqC9首轮评估于2023年底完成，最终有8个算法胜出，进入末轮评估，预计将于2024年11月结束。据彭博社消息，与美国政府合作的公司可能需要从2024年7月起实施后量子密码技术。[3]

在标准化方面，欧洲电信标准化协会（ETSI）、国际互联网工程任务组

---

1 冯登国，连一峰：《2023年网络空间安全科技热点回眸》，《科技导报》，2024年第1期，第232—244页。
2 "VMware与其他行业领导者共同推广机密计算"，http://www.c114.com.cn/news/211/a1236172.html，访问时间：2023年6月30日。
3 Bloomberg Law："US Government Urges Federal Contractors to Strengthen Encryption"，https://news.bloomberglaw.com/federal-contracting/us-government-urges-federal-contractors-to-strengthen-encryption，访问时间：2024年5月31日。

（IETF）、美国电气和电子工程师协会（IEEE）、国际标准化组织（ISO）等均在后量子标准化方面做了大量工作，制定了系列标准。在应用研究方面，2023年2月，法国科技公司Thales将后量子密码集成到5G SIM卡以保护通话数据和用户身份信息安全。[1] 8月，谷歌宣布为Chrome浏览器提供后量子加密算法保护。2024年2月，苹果宣布为通信软件iMessage推出全新的后量子加密（PQC）协议。

6.5 网络安全产业保持增长势头

网络威胁数量和复杂性的增加带动全球网络安全市场扩张。云计算、物联网和人工智能等技术的广泛采用进一步刺激了网络安全需求。此外，对数据保护的严格监管要求迫使企业加强其网络安全框架。数字化转型的加速，以及对网络风险的日益重视，也在推动网络安全市场的增长方面发挥了关键作用。

6.5.1 网络安全市场规模稳步增长

全球市场调研机构Markets and Markets报告预计，全球网络安全市场规模将从2023年的1904亿美元增长至2028年的2985亿美元，复合年均增长率（CAGR）为9.4%。[2] IDC 2024年V1版《全球网络安全支出指南》显示，2022年全球网络安全技术总投资规模为1890.1亿美元，并有望在2027年增至3288.8亿美元，五年复合年均增长率为11.7%。[3] 全球网络安全市场增长并不均衡[4]，美国、中国、英国和德国网络安全市场规模较大，印度在预测期内（2023—2028年）的复合年均增长率较高（详见图6-1）。

根据Crunchbase的数据，2023年，网络安全初创企业获得的风险投资规模

---

1 Thales: "THALES PIONEERS POST QUANTUM CRYPTOGRAPHY WITH A SUCCESSFUL WORLD-FIRST PILOT ON PHONE CALLS", https://www.thalesgroup.com/en/worldwide/digital-identity-and-security/press_release/thales-pioneers-post-quantum-cryptography，访问时间：2024年5月31日。

2 Markets and Markets: "Cybersecurity Market worth $298.5 billion by 2028", https://www.marketsandmarkets.com/PressReleases/cyber-security.asp，访问时间：2024年5月31日。

3 "IDC：新兴技术赋能网络安全，2027年中国网络安全市场规模将超200亿美元"，https://www.idc.com/getdoc.jsp?containerId=prCHC51971324，访问时间：2024年5月31日。

4 Mordor Intelligence: "Cybersecurity Market Size & Share Analysis—Growth Trends & Forecasts (2024-2029)", https://www.mordorintelligence.com/industry-reports/cyber-security-market，访问时间：2024年7月9日。

图6-1 部分国家网络安全市场规模

（数据来源：Cybersecurity Market Report）

约69亿美元。2023年网络安全公司共完成了692笔风险投资交易，筹集了82亿美元，而2022年则为941笔交易，筹集了163亿美元。2023年第四季度的跌幅尤为明显，网络安全初创企业仅筹得16亿美元，创下自2018年第三季度（当时仅筹得13亿美元）以来的最低水平。[1]

6.5.2 网络安全解决方案市场规模较大

在对网络安全市场规模进行预测时发现，到2028年网络安全解决方案预计将达到最大的市场规模，主要由于以下几个关键因素：日益增多且日益复杂的网络威胁需要高级且全面的网络安全解决方案；各行业的数字化转型进程迅速推进，企业的信息基础设施需要强大的网络安全措施来保护敏感数据并确保业务连续性；随着企业越来越多地采用云计算、物联网和人工智能等技术，相应的网络安全需求变得更加明显；全球各地对数据保护的严格监管促使企业投资可靠的网络安全解决方案。此外，与2022年预测相同，医疗行业仍将以最高的复合年均增长率增长。亚太市场规模增长率最高的原因在于以下几方面：企业和政府部门的数字化程度的激增需要更强大的网络安全措施；互联网使用量和智能手机普及率的增长进一步增加数字安全的需求；更严格的数据保护法规迫使企业加强其网络安全基础设施；银行业、医疗健康业和零售业等行业日益采

---

1 Crunchbase："Cybersecurity Startup Funding Hits 5-Year Low, Drops 50% From 2022"，https://news.crunchbase.com/cybersecurity/funding-drops-eoy-2023/，访问时间：2024年5月31日。

用的数字技术更容易受到网络攻击。[1]

6.5.3 大型网络安全企业仍主要来自美国

据全球上市公司市值排行网公司市值（Companies Market Cap）数据显示，截至2024年5月31日，IT安全企业市值排名中，前10名中除了以色列捷邦软件公司（Check Point Software）外，其余皆为美国企业；市值前20名企业中，美国企业仍占据16席，以上两种情况与2022年[2]相同。此外，美企派拓网络（Palo Alto Networks）以949.3亿美元市值占据榜单首位，与去年同期相比，市值增长约为60.65%（详见表6-4）。[3]

表6-4 全球IT安全企业市值情况

网络安全企业	市值（亿美元）			
	2023年	排名	2024年	排名
Palo Alto Networks	590.9	1	949.3	1
CrowdStrike	318.4	3	768.2	2
Fortinet	526.8	2	443.0	3
Zscaler	153.6	6	234.7	4
Cloudflare	208.2	4	230.9	5
Leidos	127.1	7	196.4	6
Check Point Software	166.5	5	165.7	7
Gen Digital	112.5	10	153.9	8
Okta	122.5	9	149.4	9
Akamai	126.8	8	137.4	10

注：2023年数据统计时间为2023年4月13日，2024年数据统计时间为2023年5月31日。

---

1 Markets and Markets："Cybersecurity Market worth $298.5 billion by 2028"，https://www.marketsandmarkets.com/PressReleases/cyber-security.asp，访问时间：2024年5月31日。
2 中国网络空间研究院：《世界互联网发展报告2023》，商务印书馆，2023年。
3 "Largest IT security companies by market cap"，https://companiesmarketcap.com/，访问时间：2024年5月31日。

6.6 网络安全专业人才存在短缺现象

当前的宏观经济环境导致网络安全成本上升、收入下降和劳动力短缺成为常态。2023年全球网络安全人才及专业技能的需求持续扩大，网络安全预算削减对专业人才发展形成严重负面影响。与学历相比，目前网络安全工作环境更需要有丰富经验的网络安全专业人才。

6.6.1 网络安全人才缺口持续扩大

国际信息系统安全认证联盟（ISC2）发布的《2023年网络安全人才研究报告》显示，与2022年约466万全球网络安全人才数量相比[1]，2023年这一数字仍在上升，约为545万，其中亚太、中东和北美等地区增长速度尤为显著。尽管如此，2023年全球网络安全人才缺口以约400万人再次扩大（详见图6-2、图6-3）。此外，在对全球14865名网络安全从业人员的调研中发现，92%的受访者表示，他们的组织存在技能差距，最常见的是云计算安全、人工智能/机器学习和零信任。75%的网络安全专业人员认为当前的威胁形势是过去5年中最具挑战性的，只有52%的人认为他们的组织拥有在未来两三年应对网络事件所需的工具和人员。[2]

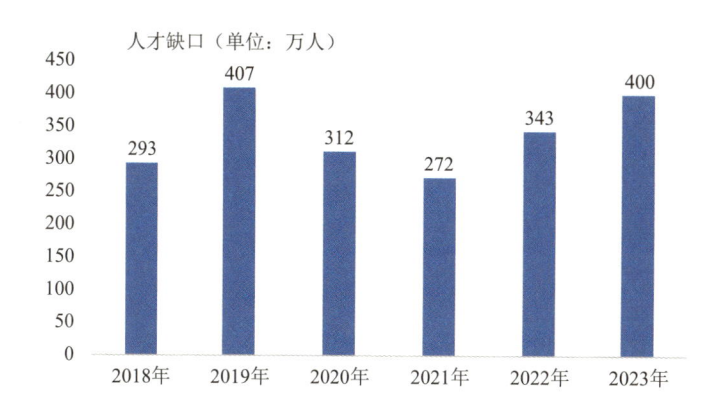

图6-2 近6年全球网络安全人才缺口状况

（数据来源：ISC2）

---

1 ISC2："ISC2 CYBERSECURITY WORKFORCE STUDY 2022"，https://media.isc2.org/-/media/Project/ISC2/Main/Media/documents/research/ISC2-Cybersecurity-Workforce-Study-2022.pdf，访问时间：2024年6月3日。

2 ISC2："ISC2 CYBERSECURITY WORKFORCE STUDY 2023"，https://www.isc2.org/Insights/2023/10/ISC2-Reveals-Workforce-Growth-But-Record-Breaking-Gap-4-Million-Cybersecurity-Professionals，访问时间：2024年5月31日。

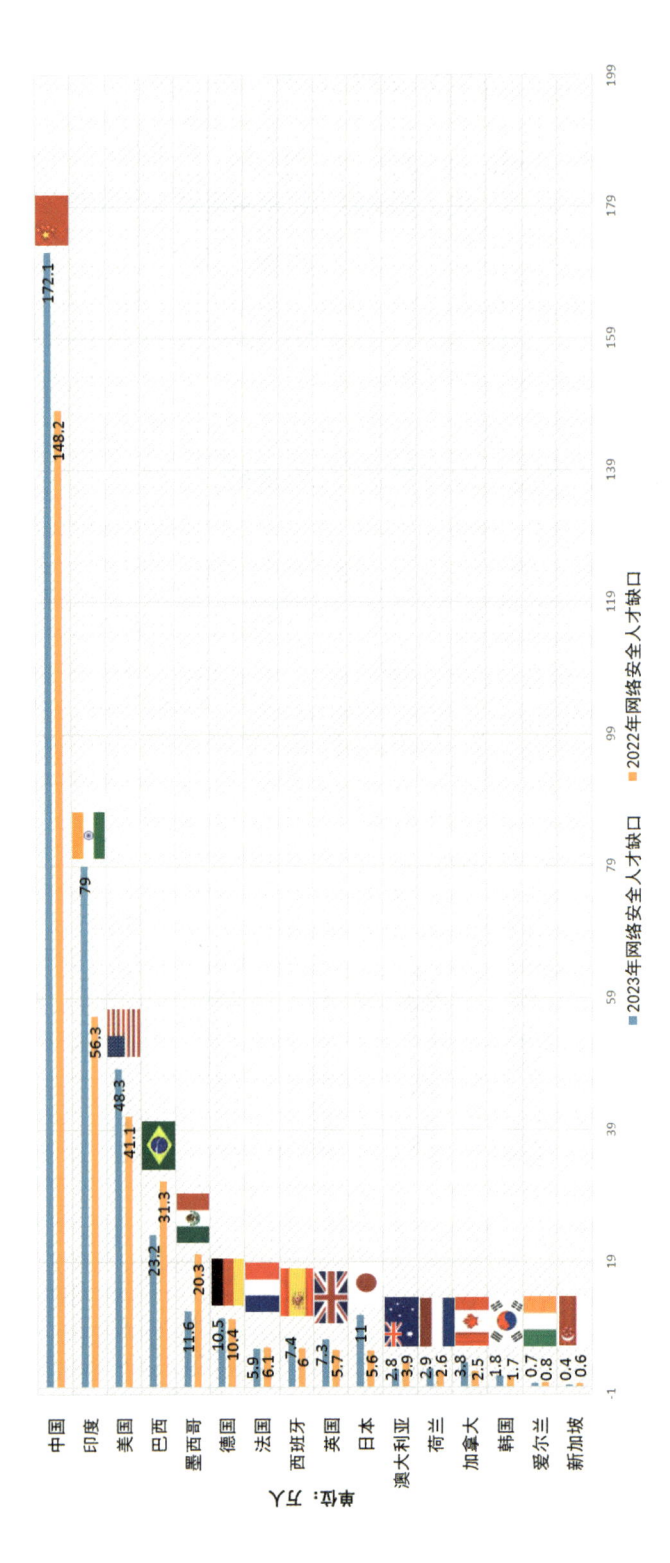

图6-3 部分国家2022年、2023年网络安全人才缺口情况

（数据来源：ISC2）

6.6.2 裁员成为从业人员面临的普遍挑战

《2023年网络安全人才研究报告》提到，47%的网络安全受访人员经历过裁员。裁员对网络安全团队产生连锁反应，将导致购买或实施的技术延迟、组织重组、培训计划取消等后果。而经济不确定性对网络安全构成重大威胁，71%的网络安全受访人员表示因削减开支而工作量减少，同时削减开支将带来严重的恶意内部人员风险并降低威胁响应水平。此外，企业的裁员和削减开支为从业人员带来更多的工作量，为员工的工作满意度带来负面影响。值得注意的是，裁员为网络安全行业带来的挑战与机遇并存，非网络安全专业的信息技术人才越来越多参与网络安全岗位应聘，为网络安全人才市场注入新力量。[1]

6.6.3 网络安全实践经验更受重视

《2023年网络安全人才研究报告》指出，与注重网络安全博士学位（14%的受访者）相比，86%的受访者更为注重具有丰富的行业经验。另外，取得网络安全职业认证受到从业人员的特别青睐。[2] SANS和GIAC发布的《2024年网络安全人才研究报告》提到，三分之二的受访者认为实践能力培训比学位教育更为重要。[3] 而《2023年网络安全现状——劳动力、资源和网络运营的全球发展新态势》在对全球2178名网络安全从业人员调查中发现，71%的受访企业仍有空缺的网络安全岗位，其中空缺的高级岗位数量是入门级岗位的两倍。[4]

---

1 ISC2："ISC2 CYBERSECURITY WORKFORCE STUDY 2023"，https://www.isc2.org/Insights/2023/10/ISC2-Reveals-Workforce-Growth-But-Record-Breaking-Gap-4-Million-Cybersecurity-Professionals，访问时间：2024年5月31日。

2 ISC2："ISC2 CYBERSECURITY WORKFORCE STUDY 2023"，https://www.isc2.org/Insights/2023/10/ISC2-Reveals-Workforce-Growth-But-Record-Breaking-Gap-4-Million-Cybersecurity-Professionals，访问时间：2024年5月31日。

3 SANS："2024 SANS | GIAC Cyber Workforce Research Report"，https://www.sans.org/mlp/2024-attract-hire-retain-midlevel-cybersecurity-roles/，访问时间：2024年6月7日。

4 ISACA：《2023年网络安全现状——劳动力、资源和网络运营的全球发展新态势》，https://wx.ourprojects.net/webf/viewer.html?file=%2Fweb%2Fupload%2Fpdf%2F2023-11-01%2F1698826964%2F2023%E5%B9%B4%E5%85%A8%E7%90%83%E7%BD%91%E7%BB%9C%E5%AE%89%E5%85%A8%E7%8E%B0%E7%8A%B6.pdf，访问时间：2024年6月7日。

第7章

世界网络法治发展

过去一年，全球网络法治建设持续深入，既延续了过去数年间的以网络安全为立法重心，也应互联网发展而呈现新特点、新趋势，特别是人工智能竞争与合作成为本年度世界网络法治建设新议题。

在常规议题层面，网络主权、网络安全保护、平台监管等依然是世界网络法治建设的核心内容。在美国等西方国家的主导下，网络空间国际治理活动的泛政治化、泛安全化趋势依然持续，全球网络法治建设越发强调网络主权保护，网络治理能力开始成为各国政治博弈和经济竞争的重要方面。与此同时，网络安全立法呈现精细化、领域化发展趋势，各国在持续完善网络安全技术标准的同时，开始逐步细化各行业关键信息基础设施运行安全规则。此外，大型互联网平台不正当竞争、垄断行为等仍属于网络平台监管的重要立法议题。

在新兴议题层面，人工智能、数字供应链、数据交易传输等成为本年度世界网络法治建设新重点。随着全球科技产业竞争进入白热化阶段，各国纷纷加速新兴技术产业立法，尤其是人工智能技术作为未来数字经济的重要发展拐点，促进相关产业发展和技术创新的立法活动空前活跃，全球人工智能治理国际合作也愈加频繁。同时，在网络空间治理泛政治化作用下，数字供应链安全成为新型国家安全因素。数据资源价值亦受高度关注，各国加快出台有利于数据开发利用的相关立法，加速建构多元化数据跨境传输机制，以促进和保障数字经济有序发展。

7.1 网络安全领域法治化进程

随着网络空间竞争博弈日益激烈，各国通过强化网络安全重点领域立法、深化网络安全执法、细化关键信息基础设施安全保护等方式，持续巩固自身网络主权。有别于以往的网络安全立法内容，促进以人工智能为代表的关键信息技术立法成为网络安全法治化进程的新趋势、新重心，网络安全立法导向更加注重发展与安全的平衡，立法内容更趋精细化、领域化。

7.1.1 网络安全重点领域立法持续强化

2023年7月，日本总务省发布《2023年信息通信网络安全综合措施》（草案），旨在确保信息通信网络的安全性和可依赖性，提高网络攻击应对能力，强调公私协作，确保网络安全。同月，欧洲议会工业、研究和能源委员会通过《网络韧性法案》（Cyber Resilience Act），对数字产品提出了多方面网络安全要求，旨在以统一法律框架规制欧盟网络安全问题。12月，欧洲议会审议通过《网络团结法案》提案，进一步完善欧盟网络安全法律体系，对提升欧盟应对网络威胁能力具有重要意义。2024年1月，欧盟《网络安全条例》生效，与其《NIS2指令》《网络安全法》及"关于协调应对大规模网络安全事件和风险的委员会建议"中的相关立法举措保持一致，旨在为保证欧盟各机构、机关、办事处、部门采取共同的网络安全规则和措施搭建框架，进一步提高欧盟各实体的恢复能力和事件响应能力。

7.1.2 网络安全执法持续深入

全球网络安全态势依然严峻，各国政府针对国内外网络安全威胁采取针对性执法措施，并对造成本国国民合法权益侵害或存在安全风险的平台企业进行行政处罚或提起诉讼。

美国在加强对国内大型网络平台网络安全风险监管的同时，还持续强化对中国及其相关实体机构的网络安全威胁监管，并限制与中国相关的网信业务活动。2024年3月，美国联邦通信委员会（FCC）致信亚马逊、Sears、Shein、Temu和沃尔玛五家电商企业，要求其阻止不安全的、未经授权的物联网（IoT）设备在在线市场流通。同月，FCC还表示正在调查美国手机和其他设备使用俄罗斯、中国等外国卫星系统是否构成安全威胁。此外，美国同时强化了对人工智能技术安全的相关执法活动。2023年11月，FCC宣布通过投票，决定启动有关人工智能技术如何影响自动语音电话和短信诈骗的正式调查。12月，美国联邦贸易委员会（FTC）因Rite Aid公司未能实施合理保护措施而错误地将部分人标记为可能参与入店行窃的顾客对其处以禁止采用面目识别技术5年的处罚。

欧盟及其成员国持续关注网络数据传输、网络设备应用和网络通信安全，强化网络安全领域执法力度。2023年11月，英国信息专员办公室（ICO）寻求许可，对其信息权利法庭对美国人工智能公司Clearview的裁决提出上诉，认为Clearview本身没有为外国执法目的对个人信息进行处理，应该遵守英国法律。同月，德国联邦网络局（Bundesnetzagentur）首次启动了对德国电信、西班牙电信和沃达丰的罚款程序，原因是这些企业未能满足移动网络覆盖的要求。2024年2月，欧盟、欧盟网络安全局、欧盟应急响应中心、欧洲刑警组织和欧盟国家计算机安全事件响应小组网络表示，密切关注Ivanti公司旗下的Ivanti Connect Secure和Ivanti Policy Secure Gateway的严重漏洞事故，并实时对事态作出评估和建议。

2024年2月，韩国个人信息保护委员会（PIPC）发布对公共机构个人信息管理水平诊断不足情况的实地检查结果，并提出整改措施。检查结果确认了7家机构存在违反加密访问控制、访问记录管理等个人信息保护要求，并对这些机构共处以3240万韩元的罚款。

7.1.3　关键基础设施安全保护逐步细化

2024年2月，德国联邦政府通过《国际数字政策战略》。该战略为德国参与塑造全球数字时代制定了明确的指导方针，其中包括加强安全可持续的全球信息基础设施，通过合作确保海底数据电缆、地面光纤电缆和新卫星星座的扩展和保护。5月，欧盟发布了首部针对电力行业的《欧盟网络安全网络守则》，标志着其在增强重要能源基础设施和服务网络韧性方面取得重大进展。该守则是对《欧洲议会和理事会条例（EU）2019/943》的重要补充，旨在通过制定共同规则来进行网络安全风险评估，报告网络攻击、威胁和漏洞，实施网络安全风险管理，为跨境电力流动提供统一的网络安全标准。

2024年4月，美国政府发布了第22号国家安全备忘录，即《关于关键信息基础设施安全和复原力的国家安全备忘录》，明确提出拥有监管权力的联邦部门和机构，将酌情利用现有共识标准制定监管规则，为关键基础设施的安全和复原力制定最低要求和有效问责机制。国家网络主任将与管理和预算办公室主任协调，领导行政当局统一网络安全监管工作。

2024年5月，新加坡议会批准了一项《网络安全法》修正案，旨在加强关键基础设施的防御以适应技术进步，要求关键信息基础设施（CII）所有者报告包括发生在其供应链中的更广泛的网络安全事件。

7.2 数字经济制度保障

过去一年，推动数字经济创新发展成为世界网络法治建设的重要立法目标之一，平台监管、信息内容监管、反垄断监管等依旧处于重要地位。伴随着国际政治形势的复杂化，数字供应链安全迫切需要在立法层面予以解决，世界主要国家和地区纷纷开始从关键软件供应、半导体进出口等环节细化相关立法内容。

7.2.1 数字供应链安全立法不断强化

2023年6月，美国白宫更新《利用安全的软件开发实践增强软件供应链的安全性》备忘录，强化软件供应链主导权。同年8月，美国国家标准和技术研究院发布《网络安全框架2.0》草案（以下简称《框架2.0》）。区别于2014年NIST发布的《改进关键基础设施网络安全框架》，《框架2.0》扩大了适用覆盖范围，强化了网络安全治理，同时更加强调供应链风险管理，反映了美国政府对供应链安全的重视程度日益增强。

2024年5月，欧盟正式实施《欧洲关键原材料法案》（European Critical Raw Materials Act），旨在确保欧盟工业获得安全、多样及可持续的关键原材料供应，特别是清洁技术、数字、国防和航空等战略部门，以应对其供应链脆弱的问题。该法案的核心措施包括设定原材料开采、加工和回收的提升目标，支持战略项目享受快捷许可和融资通道，通过建立一套监管框架，加强本土产能，减少对单一供应商的依赖，推动供应链可持续性和循环性。

7.2.2 网络平台监管持续深入

2023年9月，欧盟委员会根据《数字市场法》首次指定了六家数字平台企业为"守门人"，包括Alphabet、亚马逊、苹果、字节跳动、Meta和微软，共涉及其提供的22项核心平台服务。欧盟委员会对这些"守门人"企业是否履行相关义务进行重点监督。根据《数字市场法》，"守门人"企业必须遵守一系列数据相关义务，包括限制以提供线上广告为目的处理终端用户个人数据；限制合并和交叉使用个人数据；确保终端用户使用平台而提供、产生的数据具有可移植性等。

同年10月，欧盟委员会发布《数字市场法》所列超大型在线平台和搜索引擎应在被指定后六个月内提交发布合规报告，"详细和透明地"披露相关信息，并每年更新一次。同月，欧盟委员会又发布了有关《数字服务法》（DSA）中超大型在线平台和搜索引擎审计报告的法律框架。

7.2.3 网络信息服务仍为治理重点

2023年8月，欧盟委员会《数字服务法》正式生效，旨在推动大型科技公司更好地监督在线内容，阻止非法或违反平台服务条款的有害内容传播，保护用户安全及隐私和言论自由等基本权利，还规定了建立违法内容举报制度、加强与司法机构合作、停止针对未成年人的广告等。该法案规定每月活跃用户超过4500万的"超大型在线平台"需严格执行其要求，不合规平台企业将面临高达其全球营业额6%的罚款，不整改的还可能会被关闭欧洲区服务。

2023年10月，英国首部专门用于规范搜索服务和U2U服务的法案——《在线安全法案》（Online Safety Act 2023，OSA）正式获批，一定程度上折射出英国持续加强网络安全监管的趋势。该法案将互联网服务划分为用户对用户服务（User-user Service）和搜索服务（Search Service）两类，规定两类服务提供者都要承担非法内容风险评估、儿童网络安全风险评估等义务。其中用户对用户服务提供者要承担更严格的内容安全责任，不仅需减少非法和对儿童有害的内容，还需就网络信息内容对成年人的风险进行评估，同时需保护专业新闻内容以及具有民主价值内容的传播。

同年10月，美国最高法院取消了对联邦政府与社交媒体平台沟通的限制，允许政府部门就网络信息内容审核等事项与社交媒体平台进行沟通。2024年6月，美国与波兰签署谅解备忘录，加强在打击外国信息操纵方面的合作，提升两国政府和社会对外国虚假信息和宣传影响的抵御能力。通过这份谅解备忘录，美国和波兰计划加强有关外国信息操纵威胁的信息共享，扩大反虚假信息规划能力，并使政府政策与美国国务院制定的五个关键行动领域保持一致。至此，美国、波兰以及分布于亚非欧和北美洲的其他17个国家已认可该框架，共同抵制和打击外国势力操纵有害信息的行为。

7.2.4 数字平台反垄断加速推进

2023年12月，在Epic Games诉谷歌垄断案中，陪审团一致裁定，谷歌在应用商店和应用内支付服务市场拥有市场支配地位，谷歌将其应用商店与支付服务捆绑、实施内部项目"Project Hug"等行为构成垄断。同月，美国联邦贸易委员会和司法部联合发布《2023年合并指南》（2023 Merger Guidelines），对数字平台巨头企业广泛收并购等行为予以明晰。2024年1月，美国联邦贸易委员会（FTC）宣布根据委员会法案第6（b）条，启动对AI公司投资和合作关系的调查，并已对微软、OpenAI、谷歌、亚马逊和Anthropic五家公司下发强制性调查令，调查相关超过数十亿美元的投资是否存在支配人工智能新市场、剥夺良性竞争的风险。

2024年3月，欧盟委员会宣布对苹果公司处以18亿欧元的罚款。主要原因是苹果公司滥用其市场主导地位，通过应用商店（App Store）向iPhone和iPad用户（iOS用户）分发音乐流媒体应用程序，还制定反引导条款，阻止程序开发人员向用户告知其他可替代音乐订阅服务。上述行为构成不公平交易条件，同时违反《欧盟运作条约》（TFEU）第102（a）条及《欧洲经济区条约》（EEAA）第54条禁止滥用支配地位的规定。当月，欧盟委员会还根据《数字市场法》（DMA），对Alphabet、Apple和Meta展开违规情况调查，理由是这些"守门人"企业未能有效履行DMA规定的义务。如存在违规情况，欧盟委员会可对违法者处以不超过其全球营业额10%的罚款，在屡次违法的情况下，数额可增加至全球营业额的20%。

7.3 个人信息保护与数据治理发展

数字经济时代，数据安全和利用是推动数字经济创新发展的核心。从本年度数据安全立法情况来看，个人信息保护、生物识别数据保护仍是世界网络法治建设的重要内容。与此同时，加速数据流通利用开始受到各国立法者普遍关注，数据跨境传输立法活动呈现精细化、多元化发展趋势，数据交易、数据共享制度成为各国的立法重心。

7.3.1 个人信息保护持续推进

个人信息保护和数据安全在网络安全立法活动中仍然占据重要地位。为应对复杂多变的数据安全威胁，解决人工智能数据有序供给问题，世界主要国家和地区普遍加速推进制定个人信息保护和数据安全的具体实施规则。

美国方面，2024年2月，拜登政府依据《国际紧急经济权力法》（IEEPA）发布了《关于防止受关注国家获取美国人大规模敏感个人数据及美国政府相关数据的行政命令》，旨在保护美国人个人敏感数据免遭"受关注国家"利用。美国司法部同时发布了执行该行政命令的拟议规则制定的预通知（ANPRM）Fact Sheet，概述了实施该命令的规则，包括美国政府决意切断某些敏感数据向中国、俄罗斯、朝鲜、古巴、委内瑞拉和伊朗等受关注的国家跨境传输，在美国历史上首创了一个由政府主导的数据跨境传输的审查机制。

欧洲方面，2023年8月，瑞士联邦数据保护和信息专员发布数据保护影响评估的信息表单，规定如果数据处理可能对数据当事人的人格或基本权利造成高风险，则必须进行数据保护影响评估。11月，英国政府公布《数据保护和数字信息法案》第二次修订案，完善个人数据定义，增加个人数据处理合法性依据，并对电子营销、自动化决策中使用个人数据做出具体要求。2024年4月，欧盟发布了《建立欧洲数字身份框架的第2024/1183号条例（EU）》，旨在为欧盟范围内使用的电子身份识别服务区分适当的安全级别，保障自然人和法人行使在线公共和私人服务的权利，其中包括跨境访问。同月，欧洲数据保护委员会（EDPB）发布了数据保护框架补救机制的程序规则和信息说明，以及向美国国家情报总监办公室的民事自由保护官（Civil Liberties Protection Officer，CLPO）提交的投诉表（模板）。EDPB邀请指控美国国家安全部门违法收集数据的欧盟个人，通过"模板"提交投诉。该模板包含验证投诉所需的信息、投诉人身份信息以及投诉概要；投诉不需要证明投诉人的数据实际上受到美国信号情报活动的影响，但必须包括可能已被访问的个人数据等信息。6月，欧洲数据保护监督机构（EDPS）发布了《生成式人工智能与EUDPR》指南，这是首份适用于欧盟机构的人工智能与数据安全指南。该指南以数据最小化、数据准确性和数据安全为重点，强调了透明和问责的重要性。但该指南并不具备法律效力，仅为欧盟机构、部门、办公室和机构（EUIs）在使用生成式人工智能系统处理个人数据时提供实际操作建议和指引。

亚洲方面，2023年8月，印度发布《数字个人数据保护法》，明确将"数字个人数据"作为规制对象，确立了处理数字个人数据的合法性基础，阐明了数据受托人确保数据准确、防止数据泄露等义务，赋予了数据委托人知情权、更正删除权、申诉权等权利。同年9月，PIPC公布违反个人信息保护法律的处罚标准指南。该指南依据《个人信息保护法》（PIPA）第65条第2款和《个人信息保护法施行令》第58条的规定，确定了违法违规行为的惩戒对象和标准，建议根据违法行为的严重性和个人信息主体面临的侵权风险，对相关责任人给予处分。2024年1月，PIPC宣布发布《个人信息保护法》的修订指南和执行法令，主要内容包括允许为保护公民生命、身体所必需时向相关组织提供个人信息，制定固定视频信息处理设备操作标准。该指南分为线上和线下两部分，根据"相同活动同等监管原则"，对个人信息处理者适用相同标准，并对于大规模管理个人信息的公共系统运营机构，加强了安全措施方面的要求，对将个人信息用于私人目的的行为进行处罚。

行政处罚案例

2024年5月23日，韩国个人信息保护委员会决定对互联网巨头Kakao罚款约151亿韩元，理由是该公司由于疏于管理和保护用户信息导致超过6.5万条个人信息遭到泄露，公司早就得知KakaoTalk应用程序编程接口的漏洞风险，却没有切实检查个人信息保护情况，也没有采取防护措施。

其他地区，2024年4月，埃塞俄比亚人民代表院宣布，该国议会已批准《个人数据保护法案》，该法案概述了数据主体权利、个人数据处理原则以及在处理个人数据时保护个人权利的其他必要条件，同时明确了数据的定义和范围，特别是将"身体身份数据"定义为面部图像、指纹或其他类似个人数据；该法案将数据主体称为"可识别的自然人"，其定义为通过姓名、身份号码、电话号码、互联网识别地址、位置数据在线识别，或可以通过该自然人身体、遗传、心理、经济、文化或社会条件等一个或多个标识符直接或间接识别的自然人；该法案还规定了数据控制者在处理未成年人个人数据时的义务。5月，新西兰议会就《隐私修正法案》公开征求意见，规定其信息专员（OPC）有权依法评估特定国家（根据个体或根据国家联盟成员国）隐私安全问题，为跨境数据传输提供可靠保障。

2024年5月，西班牙保护机构（AEPD）在第PS/00078/2024号案件中公布，对Dentalcuadros BCN SLP处以罚款，原因是其违反了GDPR。AEPD强调，Dentalcuadros在2023年5月向其通报了发生的勒索软件攻击事件，影响了个人数据的可用性和保密性，受到影响的数据包括患者的联系数据、身份数据和健康数据。

7.3.2　敏感数据保护泛政治化特征明显

美国方面，2023年6月，美国参议院提出《2023年保护美国人数据免受外国监视法案》，主要增加了对数据经纪人和中介机构，以及TikTok等公司数据传输行为的限制要求，反映出美国重点监管对象范围日渐具体化，其实质目标是增加美国通过长臂管辖干涉网络空间他国内政的制度渠道，为其个人信息监管措施提供"双重标准"的解释依据。蒙大拿州《政府使用面部识别法》生效，对警察使用面部识别技术产品进行全面规范，禁止"持续的"面部识别，并允许执法部门使用该技术搜寻涉及"严重犯罪"案件的嫌疑人、受害者或证人。2024年3月，美国参议院国土安全委员会通过了《2024年禁止外国获取美国遗传信息法案》（The Prohibiting Foreign Access to American Genetic Information Act of 2024），以国家安全为由，限制与华大基因、药明康德等中国生物技术公司的业务往来，此举也引起了相关投资者的高度关注与严重担忧。4月，美国内布拉斯加州州长批准了《数据隐私法》第1074号立法法案。该法案将适用于符合这些情况的主体：在内布拉斯加州开展业务或生产该州居民消费的产品或服务，处理或参与出售个人数据，同时还提供了一份无需适用的实体清单。该法案规定了消费者权利，包括拒绝个人数据被用于有针对性的广告和影响消费决定的分析，并要求数据控制者向消费者提供合理、可访问且清晰的隐私声明，并对相关活动进行记录和开展数据保护评估。脑机接口技术正在快速发展，但其潜在的隐私侵权风险和伦理风险也使国外监管机构重视并考虑着手相关立法动作。美国科罗拉多州在2024年4月通过《保护生物数据隐私法案》，并作为《科罗拉多州消费者保护法》的一部分，其将脑机数据、神经数据一并视为"敏感数据"，要求企业在收集神经数据前必须获得消费者的明确同意。

欧洲方面，2023年10月，英国信息专员办公室发布在工作场所进行合规透明监控的指南，呼吁在工作场所实施任何监控之前需考虑其法律义务及员工权利，所有监控都必须符合英国数据保护法要求，避免人脸识别等监控设备对雇员个人信息权和隐私权的侵害。2024年4月，欧洲议会批准了建立欧洲健康数据空间（EU Health Data Space）的临时协议，旨在改善公民对个人健康数据的访问过程，并促进以公共利益为目的的数据安全共享。2024年3月，荷兰数据保护局发布了《回答有关使用面部识别时处理个人数据的问题》的指南性文件。该文件提供了一系列如何使用人脸识别系统明确识别和确认个人身份的实际示例，反映了荷兰当局的监管立场，认为利用人脸识别技术处理个人数据时存在高残留风险，建议部署该类系统的组织需要事前与荷兰数据保护局进行协商。

行政处罚案例

2024年2月，意大利数据保护机构（Garante）宣布对在线约会网站Nirvam Srl非法处理个人数据处以20万欧元的罚款，要求其进行合规整改，设置数据保留期限，实施隐私影响评估，删除非法保留的个人数据。据Garante现场调查，Nirvam Srl非法处理了超过100万用户的性取向、性偏好等敏感数据，并且未有设置数据保留期限、向用户提供有关信息、制定数据处理记录、任命数据保护官、开展隐私影响评估等措施，违反GDPR相关规定。

7.3.3　数据跨境传输制度趋具体化

在双边合作方面，2023年7月，欧盟委员会通过《关于欧盟—美国数据隐私框架的充分性决定》(简称《隐私框架》),欧美数据跨境传输合作迈入新阶段。美国和欧盟曾持续探索数据跨境传输的双边机制,但由于双方立法制度的差异,始终未能达成一致,如此前美国和欧盟发布的《安全港协议》(Safe Harbor)、《隐私盾协议》(Privacy Shield)均被欧洲法院驳回。2022年3月,美国和欧盟就新的《隐私框架》达成原则性协议;2022年10月,美国总统拜登签署《关于加强美国信号情报活动保障措施的行政命令》,以落实《隐私框架》中美国方面作出的相关承诺。本次欧盟委员会正式通过《隐私框架》,标志着欧美间数据跨境传输的第三次合作正式落地。后续《隐私框架》的运作将定期接受欧盟和美国当局的审查,以核实相关承诺是否在美国法律框架中得到充分实施并有效实践。2023年10月,欧盟和日本就数据跨境流动达成协议。欧盟通过制定数据跨境流动双边协议的方式建立"数据安全白名单"机制,极大地减轻了企业数据传输合规成本,一定程度上有助于促进双方数字经济的交流发展。欧盟这种以双边协议消除某些数据跨境流动壁垒的方式,是对数据跨境流动管制一般原则的例外,其对于跨境流动数据的范围、主体条件等方面的规定,值得研究和持续观察。2024年1月,欧盟理事会通过了将跨境数据流动条款纳入欧盟和日本之间经济伙伴关系协议的决议,为欧盟与日本之间的数据流动不受本土政策的阻碍提供了法律保障,也有利于双方根据欧盟和日本通过数据保护和数字经济的规则,从数据自由流动中受益。4月,欧洲数据保护委员会根据欧盟—美国数据《隐私框架》发布了"欧盟数据保护监管机构非正式小组"的程序规则。

欧洲方面,2023年11月,英国发布《数据保护和数字信息法案》第二次修订案,创新规定通过政府"数据保护测试"即可将英国个人数据转移至其他国家和国际组织,并认可此法案生效前已经合法进行的国际贸易和数据跨境流动。2024年4月,丹麦数据保护局(Datatilsynet)宣布,已更新了向第三国转移个人数据的指导意见,包括个人数据认定及处理情形、是否符合出境的判断要素,并明确提供了未经充分认定的数据跨境特殊情形及额外措施。5月,土耳其个人数据保护局宣布,已发布关于个人数据出境程序和原则的法规草案,并征求公众意见,对其此前关于"个人数据境外转移"法律规定进行了详细说明。

亚洲方面，2023年10月，韩国个人信息保护委员会通过《个人信息境外转移及运用规定》，确定了个人信息跨境转移评估咨询机构海外转移专家委员会的运作要求，新增了个人信息向境外转移的程序及评估标准。10月，泰国个人数据保护委员会根据其《2019年个人数据保护法》发布了两部跨境数据传输法规草案，要求数据接收方制定个人数据保护标准，并规定了在关联企业或同一企业跨国传输个人数据的相关要求。2024年2月，东盟在第四届东盟数字部长会议（ADGIM）上发布了《东盟示范合同条款和欧盟合同条款联合指南》（Joint Guide to ASEAN Model Contractual Clauses and EU Contractual Clauses）新版本，对其2023年5月首次发布的《东盟示范合同条款联合指南》和《欧盟合同条款联合指南》予以补充，明确了企业在东盟和欧盟之间传输数据时可实施的最佳做法，并针对不同类型的数据传输场景提供了最佳实践示例，企业可将这些实践应用于自身实施的保障措施。2024年3月，中国国家网信办公布《促进和规范数据跨境流动规定》，明确重要数据出境安全评估申报标准，明确免予申报数据出境安全评估、订立个人信息出境标准合同、通过个人信息保护认证的数据出境活动条件，设立自由贸易试验区负面清单制度。

其他地区，2024年1月，阿根廷国家个人数据保护理事会批准将个人数据转移到阿根廷境外的示范条款，同时其公共信息获取机构制定了受该条款约束的公司认定标准及相关指导方针和基本要求，如要求相关公司建立自我监管体系，还批准了伊比利亚—美洲数据保护网络《个人数据国际转移示范合同条款实施指南》中包含的示范合同条款，确保在将个人数据转移到缺乏充分保护的第三国时，遵守数据出口国的数据保护法律，也建议酌情将此条款适用于所有类型的国际转让，以更好地遵循保护个人信息的原则。

7.3.4 数据交易和共享制度探索持续深化

欧洲方面，2023年9月，欧盟《数据治理法》正式施行，为欧盟提供了数据共享新模式。该法于2020年11月正式提出，并于2023年6月达成政治协议，是落实《欧洲数据战略》的重要立法举措之一，旨在为欧盟打造统一的数据市场，使欧盟科技企业能够更为有效地转化和利用数据。2024年1月，欧盟《数据法》生效，明确规定了用户享有访问和再利用欧盟境内使用连接设备生成数据的权利，同时保持对投资数据技术的人的激励，以及提高欧洲云市场公平性和竞争性的措施。该法将于2025年9月12日起施行。4月，欧盟委员会发布了《数据法指南》（Data Act Explained），全面概述解读了《数据法》的立法目的及在实践中的运作方式。《数据法》是对《数据治理法》（Data Governance Act）的补充，这两项法规将与欧盟其他政策措施和融资项目一起，保障欧盟单一数据市场建设，通过激发和利用不断增长的数据潜力，使欧洲成为数据经济的领导者。同月，《欧洲互操作法案》（Interoperable Europe Act）正式生效，旨在促进跨境数据交换，加快公共部门数字化转型，提升欧洲整体数字服务效率。此类服务包括学历文凭和专业资格的相互承认、道路安全车辆数据的交换、社会保障和健康数据的访问，以及与税收、海关、公共招标认证、数字驾照、商业登记有关的信息交换，公民、企业和公共管理部门将从新法规中获益最多。欧盟委员会称该法案对于实现欧盟"数字十年"的目标至关重要，提到将于2030年实现100%的关键公共服务在线化。

其他地区，2023年11月，韩国发布《国家研究数据管理及促进利用法案》，通过构建集中管理等制度，促进国家研究数据的充分利用和共享。2024年5月，美国加利福尼亚州通过了《消费者隐私法第1824号议会法案：选择退出权：合并》三读，并首次在加利福尼亚州参议院宣读。该法案将要求企业在合并、收购、破产或其他交易中将消费者个人信息作为资产转让，并由受让方控制转让方部分或全部资产时，需要遵守消费者向企业作出的退出指示。

7.4 新兴技术治理与立法动向

过去一年，人工智能技术的创新发展直接关系到一国是否能够在激烈的数字经济国际竞争中突出重围，成为各国科技竞争的制高点。各国纷纷开始从促进产业发展、推动科技创新的角度加速建构人工智能立法体系，并积极推动国际层面的人工智能治理活动。同时，其他新兴信息技术也正在受到各国立法者的持续关注。

7.4.1 人工智能相关立法进程加快

在人工智能治理立法监管领域，世界主要国家和地区普遍加速人工智能国内立法进程，目的是疏解科技创新的制度瓶颈，预防技术滥用风险，抢占全球人工智能治理国际规则的制定权和话语权，人工智能技术治理成为网络空间治理的新兴国际竞争领域。

在联合国层面，联合国大会于2024年3月经表决一致通过了主题为"抓住安全、可靠和值得信赖的人工智能系统带来的机遇，促进可持续发展"的决议。该决议草案由美国提交，同时有120多个会员国成为"共同提案国"或表达支持，是联合国大会首次就监管人工智能这一新兴领域通过决议。该决议的通过反映了人工智能技术安全已经成为网络空间主权的重要组成部分，安全、可靠和可信的人工智能系统构成网络安全的核心评价指标之一。2024年5月和6月，联合国分别发布《全球数字契约》草案修订第一版和第二版，第一版将"为人类治理包括人工智能在内的新兴技术"改为"加强对包括人工智能在内的新兴技术的国际治理以造福人类"；第二版则仅仅对部分用词和表述进行微调。从这些举措来看，联合国正在积极推进人工智能全球治理共识的形成以及国际合作的深化。但是，以美国为首的西方阵营则将促进技术创新和安全治理活动泛政治化、泛安全化，意图建构由其主导的人工智能安全治理阵营，从芯片、算力、数据等供给层面对他国实施打压。同时，美欧等西方阵营的内部矛盾依然存在，欧盟仍坚持持续强化欧洲人工智能等数字技术独立创新发展能力。

美国方面，2023年9月，美国参议院召开听证会审议《两党人工智能立法框架》，强化AI安全保护。该框架提出了许多具体的监管制度和机制，如建立独立监管机构对模型开发公司进行审核、推动AI开发企业为模型输出内容承担责任，以及利用出口管制等法律政策限制AI系统转让等。同月，美国商务部发布《芯片与科学法》中"护栏条款"的最终规则，明确禁止企业在获取美国联邦政府的补贴后提高其在中国境内的特定半导体设施产能，或与中国实体进行涉及特定先进半导体的合作研发或技术许可，迫使芯片行业领先企业在美国补贴与中国市场之间"选边站"，以进一步遏制中国先进半导体的产能及研发能力。10月，美国总统拜登签署发布《关于安全、可靠和值得信赖地开发和使用人工智能的行政命令》，聚焦人工智能对关键基础设施以及化学、生物、放射性、核和网络安全的威胁，提出制定专门标准和实践指南，要求开发对国家安全、国家经济安全或公共健康安全构成严重风险的基础模型的公司，向美国政府共享相关数据。同时提出扩大多双边合作、开发国际标准，并结合先前出台的一系列有关芯片、出口管制、科技投资相关的行政命令等，形成一整套针对中国人工智能产业的制度工具箱，以确保美国在人工智能领域的全球领导力。2024年6月，美国众议院提出《2024年国际人工智能研究伙伴关系法案》（the International Artificial Intelligence Research Partnership Act of 2024），旨在建立美国与外国城市间的人工智能研究伙伴关系，促进包括非营利组织和学术机构在内的人工智能技术和资源开发合作，同时也将相关合作限定于"非国家安全领域"，聚焦于"经济合作和劳动力发展"，并要求遵守出口管制。

欧洲方面，2023年9月，《欧洲芯片法》正式生效，通过制定一整套措施，强化欧洲芯片生产能力，建立芯片设计生态系统并支持芯片产业链创新，同时规定了危机监测和紧急应对机制，以进一步强化欧洲独立自主的人工智能产业创新能力，摆脱美国对全球芯片产业的"挟持"能力。2024年5月，欧洲理事会批准《人工智能法》。此前，欧洲议会委员会已于2024年3月通过《人工智能法》。该法旨在预防高风险人工智能应用带来的国家安全风险，保护基本权利、民主、法治和可持续性环境免受影响，同时促进和保障人工智能科技创新。主要内容有：一是明确了人工智能系统的一般原则以及禁止行为；二是对高风险人工智能系统提出具体要求；三是明确特定和通用人工智能系统参与者的相关义务；四是提出了建立人工智能监管沙盒、鼓励小微企业发展等支持创新的措施；五是明确了人工智能治理机制。该法的出台是欧盟抢占人工智能国际治理规则话语权的重要战略措施，进一步扩大了欧盟立法成果的"布鲁塞尔效应"。

在国际组织层面，全球人工智能政策倡议数量激增，经济合作与发展组织（OECD）等机构频繁发布和更新有关人工智能安全治理和促成全球治理共识的研究报告。2023年9月，OECD发布了《生成式人工智能的初步政策考虑》，报告分析了人工智能技术带来的网络虚假信息泛滥等社会问题和政策挑战，并提出了建立伦理框架、实施审计监督、制定相关法规等解决措施。2024年3月，OECD发布了关于更新OECD对人工智能（AI）系统定义的解释性备忘录，扩展了2019年关于人工智能政策建议中AI系统的定义。2024年5月，OECD又发布了对《人工智能发展建议书》的修订，在"可信人工智能负责任治理原则""面向可信人工智能的国家政策和国际合作"等部分进行了内容更新，并明确强调解决人工智能导致的网络虚假信息泛滥问题的重要性。

其他国家为避免错失人工智能发展契机，也纷纷从不同维度加速国内相关立法进程。2024年1月，新加坡个人数据保护委员会（PDPC）发布了《关于在AI推荐和决策系统中使用个人数据的咨询指南》。该指南虽不具有法律约束力，但在执行《个人数据保护法》（PDPA）时，PDPC会采取与《咨询指南》一致的立场。该指南主要包含如何使用个人数据来训练或开发人工智能、人工智能系统第三方开发者如何做好数据中介等内容，为企业遵守PDPA提供最佳实践指南。2024年1月，日本内务和通信部（MIC）与经济、贸易和工业部（METI）发布了《人工智能运营商指南（草案）》，核心立法目标将人工智能作为公共产品加以利用，以实现社会质变和全球可持续发展，相应内容包括以人为本、确保安全和公平、隐私保护、提高透明度、履行问责制、确保公平竞争、促进创新等。该指南以国外人工智能治理动向与人工智能风险判断为基础，体现了日本意图与美、英共同主导人工智能国际治理的目的。3月，印度电子和信息技术部出台《人工智能咨询》，推翻了印度政府此前不干涉人工智能发展的承诺，明确人工智能模型只能在有明确表明其生成的输出可能存在不准确或不可靠性的标签的前提下才能向印度用户开放，但总体上仍然是将促进技术创新置于优先顺位，体现了印度对于抢占人工智能技术竞争优势地位的立法目标。

7.4.2 数字技术创新发展推动政策更新迭代

在本年度，世界主要国家和地区数字技术促进政策均是以人工智能发展为核心，围绕训练数据供给、算法模型开发、算力资源供给等议题，制定配套的产业发展政策。

美洲方面，2023年7月，加拿大网络安全中心（The Canadian Centre for Cyber Security，CCCS）发布了关于使用生成式人工智能的指南，详细说明数据隐私问题、生成带有偏见的内容以及错误信息和虚假信息等相关风险，提出了帮助生成高质量和可信的内容、减少隐私隐患、制定生成式人工智能使用政策、谨慎选择训练数据集等措施。CCCS建议无论数据集是从外部获取还是由内部开发，均应进行验证和核实，并使用多样化和有代表性的数据来避免不准确和有偏见的内容，同时提出相关组织应该建立审查流程，由不同团队对输出内容进行审查，以识别系统内的固有偏见，并利用适当的外部反馈不断微调或重新训练人工智能系统以改善产出质量。2023年11月，美国国土安全部网络安全与基础设施安全局发布《人工智能路线图》，概述了CISA拟在网络安全领域落实人工智能安全的具体举措，以落实此前拜登政府签署的《关于安全、可靠和值得信赖地开发和使用人工智能的行政命令》。一段时间以来，美国政府频繁发布了一系列人工智能监管政策法规，充分反映其对人工智能安全的高度重视。

司法案例

2024年2月，美国最大的独立进步新闻网站Raw Story起诉OpenAI，指控其使用数千篇Raw Story的新闻文章来训练ChatGPT，违反了《数字千年版权法》。

2024年4月，《每日新闻》起诉微软公司，主张后者对ChatGPT和Copilot等文本到文本生成AI系统的训练和运行导致了直接和间接的版权侵权、版权管理信息的删除、热点新闻盗用、商标淡化、商业声誉受损等。

欧洲方面，2023年9月，英国竞争和市场管理局（CMA）发布《人工智能基础模型：初步报告》，在人工智能开发、交易和消费者使用等各个阶段，对基础模型经营者行为提出明确要求和治理重点，并对人工智能数字市场治理的复杂性和竞争政策的重要性进行了分析，建议监管部门在不同利益之间进行适当的平衡与考量。10月，法国国家信息与自由委员会发布《关于创建数据集以开发人工智能系统的操作指南》，帮助相关专业人员协调创新与个人权利保护之间的关系。2024年1月，英国中央数字与数据办公室发布《英国政府生成式人工智能框架》，旨在帮助读者理解生成式AI，指导个人构建生成式AI解决方案，并列出安全、负责任地使用生成式AI时必须考虑的事项。2024年2

月，ICO禁止Serco Leisure旗下7家休闲俱乐部使用面部识别技术（FRT）和指纹扫描监控员工出勤情况。ICO的调查发现，Serco Leisure旗下7家休闲俱乐部非法处理2000多名员工的生物识别数据，用于考勤检查和工资核算，要求除禁用该技术外，Serco Leisure必须销毁其非法保留生物识别数据。7月，西班牙数据保护机构（AEPD）更新了《关于使用Cookie的指南》，将EDPB发布的《关于社交网络误导模式的指南（03/2022）》中涉及使用Cookie的标准纳入其中，建议接受或拒绝Cookie的操作必须以醒目的位置和格式显示，并确保拒绝Cookie不会比接受更复杂。同月，法国数据保护机构（国家信息与自由委员会，CNIL）发布了关于通过应用程序接口（Application Program Interfaces，API）分享个人数据的建议，确定了推荐使用API的案例，列出了风险因素及分析，并提供相关建议以帮助企业实现"所需达到的安全级别"和"遵守数据保护原则"。10月，俄罗斯《联邦信息、信息技术和信息保护法》修正案生效，适用于使用技术提供信息的网站运营商和移动应用程序所有者，规制包括基于与互联网用户偏好收集相关数据信息等技术，但该修正案不适用于国家信息系统的运营者、国家机构和地方政府。

国际组织方面，2023年9月，二十国集团（G20）提出建设由成员国和其他国家自愿共享的数字公共基础设施虚拟库，各成员国领导人再次承诺就人工智能和隐私问题开展合作。10月，东盟拟发布《人工智能伦理与治理指南》，要求企业考虑各国文化差异，自行确定有效应对措施。同月，七国集团发布《广岛人工智能进程》，强调充分利用生成式人工智能带来的机遇，打造以人类为中心、包容的人工智能治理框架。

交流活动方面，2023年11月，英国召开首届全球人工智能安全峰会，包括中国在内的28个国家和欧盟签署《布莱切利宣言》，承诺以安全、以人为本、值得信赖和负责任的方式设计、开发、部署和使用人工智能。同月，美国与英国、法国、德国、日本等45国共同启动实施《关于负责任地军事使用人工智能和自主技术政治宣言》，就开发部署和使用军事人工智能建立国际共识。仍然在11月，由英国国家网络安全中心牵头，包括美国在内的18个国家共同参与制定了《安全人工智能系统开发指南》，从安全设计、安全开发、安全部署和安全运维四个关键领域提供了提高人工智能系统安全性的建议，为人工智能系统开发者在每个阶段强化网络安全提供了指引参考。2024年5月，第二届人工智能安全峰会在韩国首尔召开，在《布莱切利宣言》基础上发布了《首尔宣言》《前沿人工智能安全承诺》和《人工智能安全科学国际合作首尔意向声明》，旨在促进人工智能领域的国际合作与对话。首尔峰会在表面上便已然昭示了全球人工智能治理的权力圈子与"阵营化"，中国在内的其他非美西方阵营国家被排除在框架讨论外。但同时，西方阵营内部也在争夺全球人工智能治理的主导权，第二次峰会的成果是英国主导的布莱切利峰会的延伸。

7.4.3　无人机航空器监管制度创新

2023年12月，美国国会批准《2024财年国防授权法案》（NDAA），明确提及将引入美国安全无人机法案，体现对无人机安全监管的重视。2024年1月，美国联邦航空管理局（FAA）发布了无人机探测和缓解系统航空规则制定委员会制定的最终报告，提出无人机产业相关制度建议，旨在提供一个促进安全和广泛使用无人机系统的政策框架，避免对国家空域的安全高效运行产生不利影响。2024年5月，《2024美国联邦航空管理局重新授权法案》更是将解决无人机入侵美国市场等问题作为治理目标，在有限期限内扩大了美国联邦航空管理局在机场附近测试反无人机操作的权限，同时也扩大了美国国土安全部和司法部识别、跟踪与缓解无人机威胁的反无人及职权。

此外，世界主要国家和地区也开始在垂直起降飞机领域推动相关监管政策制定。2024年5月，美国联邦航空管理局颁布了第二款载人电动垂直起降飞行器（eVTOL）的适航准则，于2024年6月24日生效。同月，欧盟委员会审议通过了欧盟航空安全局（EASA）提交的关于创新空中交通法案。该法案将垂直起降飞机定义为VCA，旨在建立专门面向此类航空器的全面监管框架，最大限度降低对乘客、机组人员和公众的威胁，涵盖空中运营、飞行机组人员执照、标准化空中规则、空中交通管理等内容。

第8章

网络空间国际治理

网络空间全球态势正呈现出前所未有的复杂性和多变性。科技变革和大国博弈对全球网络空间产生日益深远的影响，技术竞争、规则竞争、话语权竞争日趋激烈。与此同时，多方意识到数字领域国际合作是解决竞争、促进共赢的重要途径，全球区域和双多边合作持续推进。人工智能技术推动人类社会秩序重塑，其广泛应用为数字化转型创造巨大机遇，同时带来数据安全、网络空间军事化等诸多难以预料的新型安全风险，推动人工智能朝着科技向善的方向发展日益成为国际共识。全球数据治理规则成为全球治理的核心议题，但呈碎片化和区域化趋势。地缘政治紧张局势的升级和数字化技术加速渗透，国际社会对网络空间军事化问题的规则讨论呈升温态势。

一年来，国际组织、主要国家和地区围绕数据跨境流动、新技术新应用、数字贸易、数字货币、弥合数字鸿沟等多个议题采取治理举措并开展国际合作，取得积极进展。如何应对网络空间治理中的诸多挑战、推动网络空间国际治理体系变革，是人类面临的时代课题。中国国家主席习近平在2023年世界互联网大会乌镇峰会开幕式发表视频致辞，提出"三个倡导"，"倡导发展优先，构建更加普惠繁荣的网络空间""倡导安危与共，构建更加和平安全的网络空间""倡导文明互鉴，构建更加平等包容的网络空间"，为共同推动构建网络空间命运共同体迈向新阶段指明了方向和路径。面对数字化带来的机遇和挑战，各国理应同舟共济，加强对话交流、深化务实合作，携手构建更加公平合理、开放包容、安全稳定、富有生机活力的网络空间。

8.1 网络空间国际治理年度特征

随着各国推进数字化转型升级步伐加快，网络空间成为主要经济体竞争与合作的重要领域。人工智能的快速发展使数字治理成为全球共同关注的热点，多个国家和组织探索治理新范式，推动人工智能科技向善逐步成为国际共识。主要国家和地区对数据安全、数据跨境流动高度关注，纷纷提出数据治理规则主张，但国家间利益诉求分化明显加剧。国际地缘冲突与网络空间加快渗透，人工智能军事化应用不断加速并引发各方担忧，相关国际规则讨论呈升温态势。

8.1.1 围绕数字经济发展的国际竞合态势加剧

数字技术成为新一轮科技革命和产业变革的关键驱动力。云计算、大数据、人工智能等技术的应用正在重新定义各行各业的运营模式和业务流程。全球范围内，政策和投资对数字经济的发展起到积极推动作用。中、美、欧基于市场、技术、规则等方面优势，持续加大信息基础设施建设。中国通过"数字丝绸之路"推动与发展中国家数字合作，扩大在全球数字经济中的影响力；美国引领关键信息基础设施创新，抢占先进技术标准；欧盟积极加强与印太经济体的数字互联互通，同时积极寻求推广区别于中美数字模式的第三种模式。数字经济发展过程中可催生出更具竞争力的数字市场，同时也可能因为网络效应、规模经济、数字生态系统和大量数据积累等因素导致市场壁垒提升，因而逐步带来市场缺乏竞争、消费者选择受限、创新动能减少等风险。因此，有必要通过开展国际合作，解决数字竞争带来的问题。

大国竞争博弈中的数字保护主义持续抬头。美国进一步将经贸问题政治化。2024年5月，美国宣布进一步提高对自华进口的电动汽车、锂电池、光伏电池等产品加征关税，在打压中国产业的同时争夺国际市场份额。为限制中国获取和生产先进半导体，尤其是用于训练先进人工智能模型的高端芯片，美国不断收紧对华半导体出口管制，并施压盟友进一步收紧对中国获得半导体技术的限制措施。同时，美国大力推动半导体供应链友岸化和本土化，以维系其全球竞争力优势。据美国半导体行业协会（SIA）与波士顿咨询公司（BCG）合作发布的全球芯片报告显示，在先进逻辑芯片（10纳米以下）领域，美国全球产能份额将从2022年的0%增长到28%，仅次于中国台湾的47%。但美国先进芯片产能的提升，是以日韩与中国台湾的市场份额萎缩为代价，损害了日韩和中国台湾地区的经济利益。网络空间国际治理体系碎片化趋势持续增强，这种趋势将对全球网络空间的格局和秩序造成越来越大的冲击。未来全球数字治理将更加直面开放与保守、多边与孤立、发展与安全的权衡与博弈。这种复杂的国际环境将对各国数字经济政策的制定和数字化转型进程产生深刻影响。

8.1.2 推动人工智能科技向善发展成为国际共识

人工智能技术在全球范围内正以前所未有的速度发展，有力推动科技革命与产业升级。然而，人工智能技术所具备的变革性、其影响的广泛性及不确定性等特点，在为社会和人类带来巨大发展机遇的同时，也伴随着一系列风险。在此背景下，如何高效把握人工智能技术所提供的机遇并妥善应对相关风险，成为国际社会共同关注的焦点，多个国家及国际组织提出了多元化的治理策略。

人工智能治理法治化进程正在加速。2020年2月，欧盟委员会发布《人工智能白皮书》，在全球率先提出"基于风险的人工智能监管框架"，标志着人工智能治理从原则性讨论转向具体政策实施。此后，主要国家纷纷跟进，在不同程度开展了监管人工智能相关技术及应用的探索。斯坦福大学《2024年人工智能指数报告》显示，从2022年至2023年，全球各国立法程序中提到人工智能的次数从1247次增加到2175次，几乎翻了一番；2023年，49个国家的立法程序中提及人工智能。[1] 美国、欧盟、英国、中国等国家和地区的政策体系不断完善，政府、国际组织等加快治理新范式探索。人工智能全球治理从早期以科技伦理、技术标准、自律承诺等为代表的软法治理，逐步转向更为成熟的"软法与硬法双轨并行"的新型治理模式。

人工智能治理国际合作逐步成为多方共识。多个国际组织和区域贸易协定都在加强合作，制定和完善相关规则和标准，推动人工智能技术和应用发展遵循科技向善原则。2024年7月，第78届联合国大会通过中国主提的关于加强人工智能能力建设国际合作决议。这是全球首个聚焦人工智能能力建设的共识性文件。决议支持联合国发挥中心和协调作用，鼓励各方通过政策交流、技术支持、资金援助、人员培训、联合研究等加强人工智能能力建设国际合作，呼吁营造一个公平、开放、包容和非歧视的商业环境，促进发展中国家有意义地参与有关人工智能进程。2023年7月，联合国安理会召开了一场主题为"人工智能：国际和平与安全的新机遇与挑战"的高级别公开会。此次会议不仅标志着

---

1 Stanford Institute for Human-Centered Artificial Intelligence："Artificial Intelligence Index Report 2024", https://aiindex.stanford.edu/wp-content/uploads/2024/05/HAI_AI-Index-Report-2024.pdf，访问时间：2024年7月1日。

安理会在联合国总部首次聚焦人工智能议题，更凸显了全球对这一前沿科技领域的高度关注。联合国秘书长古特雷斯在会上强调，联合国在人工智能监管方面应承担起更大的责任。他倡导建立一个规范、监督和执行人工智能规则的机构。关于人工智能治理的国际性共识性成果持续推出。2023年10月，中国国家主席习近平宣布提出《全球人工智能治理倡议》。倡议提出，各国应在人工智能治理中加强信息交流和技术合作，共同做好风险防范，形成具有广泛共识的人工智能治理框架和标准规范，不断提升人工智能技术的安全性、可靠性、可控性、公平性；呼吁各国应秉持共同、综合、合作、可持续的安全观，坚持发展和安全并重的原则，通过对话与合作凝聚共识，构建开放、公正、有效的治理机制，促进人工智能技术造福于人类，推动构建人类命运共同体。该倡议在全世界范围内已得到数十个国家支持。2024年7月，2024世界人工智能大会暨人工智能全球治理高级别会议开幕并发表《人工智能全球治理上海宣言》，就促进人工智能发展、维护人工智能安全、构建全球治理体系、加强社会参与和提升公众素养、推动以人工智能提升社会福祉和解决全球性问题等方面提出系列主张。2023年9月，联合国儿童基金会驻华办事处官网正式发布了由中国网络社会组织联合会推荐的人工智能为儿童案例"教育陪伴机器人"（华为）和"电子健康卡"（腾讯）。2023年10月，在联合国人权理事会第54届会议举办的"应对儿童网络欺凌的中国实践"主题边会上，中国网络社会组织联合会联合北京青少年法律援助与研究中心发布《呼吁联合国加强数字时代儿童权利保护的全球倡议》，呼吁国际社会和全球各国在数字时代保护儿童方面采取积极的行动。2023年11月，在英国全球人工智能安全峰会上，包括中国、美国、英国在内的28个国家和欧盟政府代表共同签署了《布莱切利宣言》。宣言阐述了签署国在人工智能治理方面的共同目标，提出人工智能对人类社会的巨大机遇，但人工智能需要以人为本、可信赖、负责任的方式设计和使用造福全人类。同月，世界互联网大会乌镇峰会"网络空间国际规则：实践与探索"论坛发布《网络主权：理论与实践》（4.0版）概念文件，积极回应人工智能等新技术新应用给网络主权带来的新问题新挑战，呼吁各国基于网络主权建立更具包容性的国际协作框架，携手构建网络空间命运共同体。

  美国作为全球人工智能技术发展的领跑者，在人工智能问题上的两面性不断凸显。美国一方面支持联合国推出人工智能相关国际合作决议，一方面通过加大出口管制和投资审查、限制正常学术交流等，打压其他国家人工智能发展。美国主导推出《关于在军事上负责任地使用人工智能和自主技术的政治宣言》，宣称人工智能军事应用需符合国际法，另一方面却持续推进人工智能军事化应用布局，开展颠覆性技术部署应用，将自主无人系统广泛应用于军事行动，以谋取军事竞争主动权，严重加剧全球人工智能军事化，其做法引发全球广泛担忧。

8.1.3　全球数据治理规则呈碎片化、区域化趋势

随着全球化推进、信息技术和数字贸易的快速发展，数据在全球范围内的流动速度和规模大幅提升，数据作为生产要素的重要性日益凸显。多边机制和国际组织重视全球数据治理的国际协调问题。联合国在《全球数字契约》中强调要推动数据合作，促进数据共享，并强调要维护网络安全，对个人隐私数据加以保护，建设包容、开放、安全、稳定的数字空间。2023年10月，联合国互联网治理论坛（IGF）领导小组发布名为《我们想要的互联网》(The Internet We Want，IWW)愿景文件，呼吁全球利益相关方应释放数据的发展价值，推动基于信任的数据自由流动，同时确保数据保护和隐私，以促进全球数字经济发展。同月，第18届IGF在会议讨论中涉及数据跨境流动有关内容。为了推动数据效能促进发展，IGF认为需要创建可信且安全的方法实现数据跨境共享，制定原则和实践措施来落实"基于信任的数据自由流动"理念，建立数据传输的共同基础，以促进数据为发展所用，同时解决有关数据隐私和数据主权的担忧；发展中国家应全面参与有关数据跨境流动的讨论。在国家主体层面，据联合国贸易和发展会议的统计，至今已有137个国家制定了数据保护隐私立法。[1]从世界主要国家和地区数据治理规则主张来看，数据主权、数据安全、数据隐私保护等是其规则制定的核心考量。如，2024年1月，欧盟《数据法》正式生效，该法案的目标是推动"数据单一市场"的构建，促进欧盟内部数据共享，提升数据可用性，进而发挥数据在企业和公共机构创新中的重要价值，

1　UNCTAD: "Data Protection and Privacy Legislation Worldwide", https://unctad.org/page/data-protection-and-privacy-legislation-worldwide，访问时间：2024年7月8日。

同时确保数据在存储、共享和处理过程中能够满足欧盟的规则要求。2023年8月，巴西发布《个人数据国际传输条例》草案，推动具有充分保护水平的国家或地区与巴西进行个人数据自由流动。此外，英国推进《数据保护及数字信息（第2号）法案》立法进程，泰国、印度根据本国个人数据保护法进一步明确数据出境法规细则，中国公布《促进和规范数据跨境流动规定》，进一步规范和完善数据出境安全管理制度。

虽然全球对数据治理规则重视程度不断提升，但当前全球数据治理多是主要经济体根据有关贸易规则制定的双边或多边治理框架，国际上对于数据存储、处理、传输等几乎没有统一的规则或标准，全球数据治理规则日益呈现碎片化、区域化特征。美国对数据跨境流动制定自由化监管框架。其所谓"自由流动"主要针对数据"流入"层面，而在"流出"层面则从国家安全和个人信息保护角度出发，对敏感数据要求严格把控。美国持续推进在APEC框架下构建"跨境隐私保护规则"（CBPR），澳大利亚、加拿大、日本、韩国、墨西哥等成员加入。欧盟将个人数据权利视为基本人权的一部分，高度重视个人数据和隐私保护，对内要求消除数据自由流动壁垒，采取统一高标准的数据保护措施；对外严格限制个人数据跨境流动，只在他国提供同等保护水平时才允许流动，通过"充分性决定"白名单制度打造"规则俱乐部"。七国集团持续推动"基于信任的数据跨境流动"框架。美欧、亚太地区数据治理合作进展明显，拉丁美洲、非洲地区则推进有限。

8.1.4 国际冲突中的网络行动规则引发多方关注

一年来，全球地缘政治局势持续紧张，地缘冲突与数字技术深度渗透。乌克兰危机延宕，交战方在网络空间的对抗全面升级，网络攻击频率和规模呈增长趋势。俄乌双方均在冲突前线加强网络作战人员部署，开展新型高科技斗争，进一步推动网络战与物理战融合。随着巴勒斯坦和以色列在加沙地带军事冲突升级，各方在网络空间的对抗同步升级。冲突发生以来，关键基础设施成为主要打击目标，加沙地带的信息和通信技术基础设施遭到破坏，导致通信中断和互联网关闭；人工智能技术在巴以冲突中广泛应用，不仅用于实施更精准的军事目标打击，还用于生成虚假信息，混淆视听。巴以网络舆论战也愈演愈烈，双方纷纷通过主流的媒体工具抢占话语权，展开舆论攻势。民间企业和黑客组织纷纷参与国际地缘冲突的网络战。战争的界限变得愈发模糊，传统战争逐渐演变为涵盖网络战、舆论战、信息战和认知战的复合型战争。

如何防范人工智能军事化应用备受各方关注，联合国等多边机制积极开展国际规则谈判，探索推动国际合作、防范人工智能军事化的路径。联合国《特定常规武器公约》致命性自主武器系统专家组2023年度会议达成结论，认为各国必须确保该类武器系统在整个生命周期内遵守国际法和国际人道主义法。2023年10月，第78届联合国大会第一委员会通过了一项由奥地利、比利时、德国、意大利、墨西哥等27个国家提起的关于"致命性自主武器系统"的决议草案，强调国际社会迫切需要应对自主武器系统带来的挑战和引起的关切。[1] 2024年5月，中国就"致命性自主武器系统"问题向联合国秘书长提交文件，阐明中国对于这一问题的立场，呼吁各方应从防止新军备竞赛的角度出发，遵循平等安全、共同安全与普遍安全的原则处理致命性自主武器系统问题；发展人工智能应遵守适用的国际法，各国尤其是大国对在军事领域研发和使用人工智能技术应该采取慎重负责的态度，要确保人工智能始终处于人类控制之下。

红十字国际委员会持续关注武装冲突中的网络行动对平民造成的威胁问题，发布战争期间平民黑客交战规则，强调国际人道法要求即使在网络空间，所有行动都必须遵守保护平民的基本原则。2023年10月，红十字国际委员会以"武装冲突期间数字威胁全球顾问委员会"（Global Advisory Board on Digital Threats During Armed Conflicts）的名义发布了《保护平民免受武装冲突期间的数字威胁》报告。[2] 该报告就武装冲突期间平民面临的潜在数字威胁进行分析，分别对交战方、国家、科技公司以及人道主义组织提出了25条具体建议。这些建议基于四项总体指导原则：第一，数字空间并非法外空间，这也包括在武装冲突期间；第二，保护平民免受数字威胁需要在立法、政策以及程序上加大力度；第三，

---

1 "A/C.1/78/L.56致命自主武器系统"，https://documents.un.org/doc/undoc/ltd/n23/302/65/pdf/n2330265.pdf，访问时间：2024年5月4日。

2 "Protecting Civilians Against Digital Threats During Armed Conflict"，https://www.icrc.org/en/document/protecting-civilians-against-digital-threats-during-armed-conflict，访问时间：2024年7月11日。

政治和军事领导人应当关注保护平民；第四，国家、科技公司、人道主义组织、公民社会以及其他利益相关方应携手利用数字技术加强对平民的保护。

8.2 网络空间国际治理热点议题进展

一年来，主要经济体数据领域跨境合作实践不断推进，推动新的合作机制落地。联合国等国际组织和多边机制加强国际协调，促进人工智能等新兴技术规范、健康和可持续发展。全球贸易数字化发展加快，促进开放包容的数字贸易发展越来越成为各国的共同愿景，全球南方国家积极参与数字贸易发展进程。多国央行数字货币建设加快探索应用，同时针对私人数字货币的国际监管措施陆续出台。智能鸿沟成为数字鸿沟的时代新特征，各国积极探索缩小数字鸿沟的新途径。

8.2.1 数据跨境流动进入实质性推进快车道

国际组织牵头数据跨境流动议题的国际讨论。2023年12月，联合国贸易和发展会议举办电子周（eWeek）活动，并发布总结报告《关于数字经济未来的日内瓦愿景》（The Geneva Vision on the Future of the Digital Economy）。活动重点关注了数据跨境流动议题。与会者重点讨论了个人对其数据的控制，以及数据自由流动与数据安全间的平衡。会议强调了对信息基础设施和能力建设的投资，呼吁消除对数据跨境流动的不合理障碍，同时确保隐私和对数据的保护。[1] 2023年10月，世界互联网大会国际组织在北京成立数据工作组，旨在充分发挥全球互联网共商共建共享平台作用，积极促进数据领域的国际交流合作。11月，数据工作组在2023年世界互联网大会乌镇峰会期间举办咖荟，围绕数据国际合作中的数据跨境流动、生成式人工智能与数据共享、数据基础设施等方面进行了深入研讨。

欧盟委员会推进基于"充分性决定"的数据跨境流动规则。2024年1月，欧盟委员会审查完成现行11项数据跨境"充分性决定"（adequacy decisions），

---

[1] UNCTAD："The Geneva Vision on the Future of the Digital Economy"，https://unctad.org/system/files/information-document/GenevaVision_OutcomeUNCTADeWeek2023.pdf，访问时间：2024年7月11日。

并公布国别报告。该报告指出从欧盟传输到安道尔、阿根廷、加拿大、法罗群岛、根西岛、马恩岛、以色列、泽西岛、新西兰、瑞士和乌拉圭的个人数据继续受益于充分的数据保护保障措施。欧盟对上述国家和地区通过的充分性决定仍然有效，数据可以继续自由流向这些司法管辖区。此前，欧盟已通过对韩国、日本、英国、美国的充分性决定。[1] 为推动欧洲建立单一数据市场，欧盟根据2020年2月发布的《欧洲数据战略》推进通用数据空间建设。截至2024年5月，欧盟对于包括健康、金融、能源、文化遗产、科研、公共行政等14个领域的数据空间进行开发或运营。[2] 2024年3月，欧洲数字身份框架正式发布。该框架目的在于确保个人和企业在整个欧洲都有安全可靠的电子身份识别和认证。欧盟数字身份相关法规规定成员国需为公民和企业提供新的个人数字身份识别钱包，帮助公民和企业通过其所在国家数字身份访问在线服务得到认证，且用户能够对其所分享的数据进行控制，并计划在2026年实现这一目标。[3]

"英美数据桥"生效。2023年9月，英国科学、创新和技术部公布《2023年数据保护（充分性）（美利坚合众国）条例》，确认了英美数据桥（U.K.-U.S. Data Bridge）的效力，并于2023年10月起生效。通过"英美数据桥"，英国企业可以根据《英国通用数据保护条例》第45条将个人数据传输至获得《欧盟—美国数据隐私框架英国扩展》（UK Extension）认证的美国机构或企业，而无需采取进一步的保障措施。"数据桥"类似于欧盟《通用数据保护条例》下的充分性决定，以实现两个地域之间相关机构数据自由流动。

印度、巴西等国抓紧完善数据保护有关立法，推进数据跨境流动事项。2023年8月，印度正式实施《2023年数字个人数据保护法案》。[4] 同月，巴西数据保护局发布了《个人数据跨境传输条例》（Regulation on International Transfer

---

[1] "Commission finds that EU personal data flows can continue with 11 third countries and territories", https://ec.europa.eu/commission/presscorner/detail/en/ip_24_161，访问时间：2024年7月11日。

[2] "Common European Data Spaces", https://digital-strategy.ec.europa.eu/en/policies/data-spaces，访问时间：2024年7月11日。

[3] "European digital identity (eID): Council adopts legal framework on a secure and trustworthy digital wallet for all Europeans", https://www.consilium.europa.eu/en/press/press-releases/2024/03/26/european-digital-identity-eid-council-adopts-legal-framework-on-a-secure-and-trustworthy-digital-wallet-for-all-europeans/pdf/，访问时间：2024年7月11日。

[4] "MINISTRY OF LAW AND JUSTICE. THE DIGITAL PERSONAL DATA PROTECTION ACT, 2023", https://www.meity.gov.in/writereaddata/files/Digital%20Personal%20Data%20Protection%20Act%202023.pdf，访问时间：2024年7月11日。

of Personal Data）草案和配套标准合同条款。该条例草案确定哪些司法管辖区具有足够的数据保护水平，允许个人数据在巴西和这些国家之间自由流动。巴西数据保护局将优先审查提供互惠保护的司法管辖区。[1] 该法案及其配套合同条款的特点是重点明确了数据处理者的类型以及权利义务。

中国积极通过试点探索数据跨境流动场景，提升规则的国际化对接程度。2023年6月，中国国家互联网信息办公室与香港特区政府创新科技及工业局签署《关于促进粤港澳大湾区数据跨境流动的合作备忘录》，促进数据跨境流动地方先行先试的地方性探索。[2] 2023年11月，国务院发布《全面对接国际高标准经贸规则推进中国（上海）自由贸易试验区高水平制度型开放总体方案》，按照数据分类分级保护制度，支持上海自贸试验区率先制定重要数据目录；指导数据处理者开展数据出境风险自评估，探索建立合法安全便利的数据跨境流动机制，提升数据跨境流动便利性。[3] 2024年3月，中国国家互联网信息办公室公布了《促进和规范数据跨境流动规定》，明确提出重要数据出境安全评估申报标准，提出未被相关部门、地区告知或者公开发布为重要数据的，数据处理者不需要作为重要数据申报数据出境安全评估。[4] 2024年6月，中德签署《关于中德数据跨境流动合作的谅解备忘录》，中国国家互联网信息办公室与德国数字化和交通部将在该备忘录框架下建立"中德数据政策法规交流"对话机制，加强在数据跨境流动议题上的交流。这些措施将推动中国与数据跨境流动国际规则接轨。

8.2.2　新技术新应用的治理机制加快完善

联合国等国际组织积极建立全球新兴信息技术治理的国际协调机制，推动

---

[1] "Regulation on International Transfer of Personal Data and the Standard Contractual Clauses Model", https://www.gov.br/participamaisbrasil/regulation-on-international-transfer-of-personal-data，访问时间：2024年7月11日。

[2] "数据跨境迎重要进展 粤港澳大湾区数据跨境流动合作备忘录签署"，https://www.21jingji.com/article/20230630/herald/4425e0972e135dded3a9f5e3c441506a.html，访问时间：2024年7月11日。

[3] "国务院关于印发《全面对接国际高标准经贸规则推进中国（上海）自由贸易试验区高水平制度型开放总体方案》的通知（国发〔2023〕23号）"，https://www.gov.cn/zhengce/content/202312/content_6918913.htm，访问时间：2024年7月11日。

[4] "国家互联网信息办公室公布《促进和规范数据跨境流动规定》"，https://www.cac.gov.cn/2024-03/22/c_1712776612187994.htm，访问时间：2024年7月11日。

达成国际共识。在联合国机制层面，2023年10月，联合国秘书长古特雷斯组建新的人工智能咨询机构（AI Advisory Body）。该机构于2023年12月发布中期报告《为人类治理人工智能》，提出建立全球人工智能治理机构应遵循的指导原则，明确机构职能定位，包括：定期评估人工智能的状况，协调标准、安全和风险管理框架，促进国际多利益相关方合作以增强全球南方国家的能力，监测风险和协调应急响应，以及制定具有约束力的问责规范。[1] 7月，国际电信联盟在日内瓦召开2023年"人工智能惠及人类"全球峰会，聚焦关于生成式人工智能全球治理、人工智能应用程序的注册管理、授权专业组织应对人工智能带来的挑战等主题。与会各方认识到生成式人工智能的出现带来的紧迫挑战，讨论了建立全球人工智能治理框架的必要性。峰会提出由国际电信联盟和联合国教科文组织牵头的联合国人工智能小组推进制定短期、中期和长期路线图。[2] 联合国信息安全开放式工作组（OEWG）持续围绕现存和潜在网络威胁、负责任国家行为规则规范、国际法在网络空间的适用、建立信任的措施、能力建设、定期机制对话等重要议题进行讨论。工作组形成第二份年度进展报告，呼吁应加强应对网络威胁，并推动各国持续就信息通信技术使用中负责任国家行为的规则规范交换意见。此外，其他国际机制持续推动新兴技术领域治理合作。2023年8月，金砖国家领导人第十五次会晤召开，同意金砖国家机制启动人工智能研究组，进一步拓展人工智能合作；同月，世界互联网大会成立人工智能工作组，并于11月举行的世界互联网大会乌镇峰会期间发布了《发展负责任的生成式人工智能研究报告及共识文件》，呼吁应遵循统筹发展和安全、平衡创新与伦理、均衡效益与风险的理念，推动生成式人工智能负责任地发展。

在欧洲，相关政策出台细化人工智能应用安全场景，并强调充分挖掘新兴技术对经济社会发展的赋能作用。2024年5月，欧盟委员会成立人工智能办公室，旨在促进人工智能的发展、部署和使用，在降低风险的同时，促进社会经济效益和鼓励创新。同月，欧盟委员会宣布通过《人工智能与人权、民主和法治框架公约》。欧盟委员会表示，这是第一个关于使用人工智能系统的具有法

---

[1] AI Advisory Body: "Interim Report: Governing AI for Humanity", https://www.un.org/sites/un2.un.org/files/un_ai_advisory_body_governing_ai_for_humanity_interim_report.pdf, 访问时间：2024年7月11日。

[2] "AI for Good Global Summit", https://aiforgood.itu.int/summit23/, 访问时间：2024年7月2日。

律约束力的国际公约。该公约对人工智能系统的设计、开发、使用和停止采用基于风险的方法，并制定了涵盖人工智能系统整个生命周期的法律框架，解决其可能带来的风险，同时促进负责任的创新。2024年6月，欧盟《人工智能法案》（Artificial Intelligence Act）正式生效，对人工智能应用进行风险级别的分类，分为"不可接受"风险、高风险、中风险和低风险。该法案明确了被禁止在应用程序中使用的功能、执法豁免的条件、高风险应用系统在使用人工智能技术方面的义务、通用人工智能技术及其所属模型透明度的要求、支持创新和中小企业的具体措施。[1]

美国垂直领域监管机构加快出台配套监管框架。美国发布人工智能法规的监管机构数量从2022年的17个增加到2023年的21个，这表明美国对人工智能监管的关注日益增加。[2] 2024年4月，美国国家标准与技术研究院（NIST）与美国商务部发布了《人工智能风险管理框架》草案。该框架的核心包括四项主要内容：一是形成风险管理的文化，二是定位使用场景和与之相关的风险，三是评估、分析和追踪风险，四是根据预测的影响对风险级别进行排序并采取行动。[3]

中国积极完善人工智能领域双多边国际交流合作机制。2024年5月，中国和法国发布关于人工智能和全球治理的联合声明，阐述了两国关于人工智能发展与创新、安全风险、提供公共利益服务、尊重和保护文化和语言的多样性、就业等方面的共识，强调以加强中法关系作为全球挑战国际治理推动力的作用。同月，中国和俄罗斯在两国建交75周年之际发布了关于深化新时代全面战略协作伙伴关系的联合声明。声明中提到，中俄双方将持续在信息通信技术领域开展互利合作，同意建立并用好定期磋商机制加强人工智能和开源技术合作。此外，2024年5月，中美人工智能政府间对话首次会议在日内瓦举行。双方代表就人工智能科技风险、全球治理等议题交换意见。通过对话，双方展现

---

[1] European Parliament："Artificial Intelligence Act: MEPs adopt landmark law"，https://www.europarl.europa.eu/news/en/press-room/20240308IPR19015/artificial-intelligence-act-meps-adopt-landmark-law，访问时间：2024年7月11日。

[2] Stanford Institute for Human-Centered Artificial Intelligence："Artificial Intelligence Index Report 2024"，https://aiindex.stanford.edu/wp-content/uploads/2024/05/HAI_AI-Index-Report-2024.pdf，访问时间：2024年7月11日。

[3] NIST："AI RISK MANAGEMENT FRAMEWORK 4"，https://nvlpubs.nist.gov/nistpubs/ai/NIST.AI.100-1.pdf，访问时间：2024年7月11日。

了沟通的意愿，向世界释放了积极信号。这不仅对推动中美人工智能对话合作具有重要意义，也为完善全球人工智能治理体系注入新动力。

8.2.3 数字贸易国际合作取得实质性进展

国际组织推动促进开放包容的数字贸易发展。2023年7月，经济合作与发展组织（OECD）、世界贸易组织（WTO）、国际货币基金组织（IMF）联合发布第二版《数字贸易计量手册》（Handbook on Measuring Digital Trade）。该报告阐明了数字贸易相关的概念和定义，以及将上述概念操作化进行具体测量的方法。[1] 2023年12月，由IMF、OECD、联合国贸易和发展会议（UNCTAD）、世界银行和WTO共同发布了《数字贸易促进发展》（Digital Trade for Development）报告。该报告指出，跨境数字交付服务已成为国际贸易中增长最快的领域，在2005年到2022年期间，数字交付服务的平均年增长率达8.1%，其价值自2005年增长了近四倍，占服务出口总额的54%。且自2001年以来，在所签订的双边和区域性贸易协定中，44%的内容中至少包含一条数字贸易或电子商务提供的内容条款。报告同时强调各国应制定促进数字贸易的政策，构建促进数字包容和可持续发展的监管环境。[2] 2023年12月，世贸组织电子商务谈判召集方新加坡、日本、澳大利亚发布三方部长声明，宣布包括中美欧在内的90个世贸组织成员实质性结束部分全球数字贸易规则谈判。谈判以制定高标准数字贸易规则为目标。参加方已就13个议题达成基本共识，涵盖三大领域：一是促进数字贸易便利化；二是开放数字环境（具体规则包括鼓励成员开放法律允许公开的政府数据，促进相关数据的开发和应用等）；三是增强商业和消费者信任（具体规则包括通过建立相应法律框架和促进国际合作，加强个人信息和在线消费者权益保护、防止垃圾电子信息等），共同维护健康的数字化发展环境。[3]

1　OECD: "Handbook on Measuring Digital Trade", https://www.oecd.org/en/publications/handbook-on-measuring-digital-trade-second-edition_ac99e6d3-en.html，访问时间：2024年7月11日。

2　WTO: "Digital Trade for Development", https://www.wto.org/english/res_e/booksp_e/dtd2023_e.pdf，访问时间：2024年7月11日。

3　"商务部世贸司负责人解读世贸组织实质性结束部分全球数字贸易规则谈判成果"，http://www.mofcom.gov.cn/article/bnjg/202312/20231203462864.shtml，访问时间：2024年7月11日。

亚太地区数字贸易发展加速，促进实现区域可持续发展目标。2024年5月，亚太经合组织（APEC）贸易部长会议举行，并发布联合声明，鼓励各经济体营造有利环境，推动数字创新、加强信息基础设施、促进互操作性、加速数字化转型、加强数字技能提升，并缩小包括性别在内的数字鸿沟。同时，宣言中还承诺通过促进无纸化贸易的措施，推动电子贸易相关文件的数字化和跨境认可；鼓励各经济体加大力度开展有针对性的能力建设，提高数字素养和技能，弥合数字鸿沟，建设数字时代的劳动力能力。[1] 2023年7月，新西兰举行《全面与进步跨太平洋伙伴关系协定》（CPTPP）部长级会议，正式批准英国加入CPTPP，英国成为首个加入该协定的欧洲国家。

全球南方国家积极参与国际数字贸易活动，重点关注市场准入、数据治理框架、数字化服务水平等规则的设计。2024年1月，沙特、埃及、阿联酋、阿根廷、伊朗、埃塞俄比亚正式成为金砖国家成员，金砖数字贸易合作不断释放创新活力。2023年10月，非洲数字贸易委员会第四次会议在卢旺达基加利举行，公布了《非洲大陆自由贸易区数字贸易议定书2.0草案》。该草案剖析了数字产品市场准入、数据治理框架、数字包容性发展等复杂问题，对在线安全、促进数字创业和推动提高数字技能等方面补充了新条款。[2] 联合国拉丁美洲和加勒比经济委员会发布的《拉丁美洲和加勒比地区的数字化和可持续贸易便利化2023》报告中指出，该地区国家在贸易手续、透明度和无纸化注册方面均达到了较高执行率（超70%）。[3]

中国不断细化数字贸易的合作领域与范围。一是推动数字贸易规则谈判。中国与东盟积极推进自贸区3.0版谈判，中国积极推动加入CPTPP和《数字经济伙伴关系协定》（DEPA），在中国—东盟自贸区3.0版谈判中积极推动纳入数字经济规则。二是推动电子商务领域国际交流合作。中国推进

---

[1] APEC："APEC Ministers Responsible for Trade Joint Statement 2024"，https://www.apec.org/meeting-papers/sectoral-ministerial-meetings/trade/apec-ministers-responsible-for-trade-joint-statement-2024，访问时间：2024年7月11日。

[2] AfCFTA："4th Meeting of the Committee on Digital Trade"，https://au-afcfta.org/2023/10/4th-meeting-of-the-committee-on-digital-trade/，访问时间：2024年6月3日。

[3] UNECLAC："Digital and sustainable trade facilitation in Latin America and the Caribbean Regional report 2023"，https://repositorio.cepal.org/server/api/core/bitstreams/978b7b33-4df4-4c7d-8ca6-99c435ce9aea/content，访问时间：2024年6月3日。

"丝路电商"扩围，截至2024年6月，"丝路电商"伙伴国增至32个，加快建设"丝路电商"合作先行区，并与金砖国家、上海合作组织、APEC、G20等多边机构和区域组织在跨境电商、中小企业数字化转型、数字减贫等方面深入交流。2023年9月，第26次中国—东盟领导人会议通过《关于加强电子商务合作的倡议》，强调推动更密切的企业合作，共同在消费者保护、知识产权保护、数字身份、打击垃圾邮件、人工智能、区块链和分布式记账、监管协同合作及数据创新等领域开展电子商务能力建设合作，促进跨境电商行业发展。[1] 三是积极参与数字经济领域相关国际讨论。中国积极参与G20印度年经贸领域数字经济有关议题讨论，推动通过《G20贸易单证数字化高级别原则》；参与APEC数字经济领域的相关讨论与合作，配合推进APEC《互联网与数字经济合作路线图》落实。积极参与南非年数字经济议题讨论，推动各方制定《金砖国家数字经济工作组工作职责》和《金砖国家数字经济工作组工作计划》，正式启动金砖中国年建立的数字经济工作组；积极参与联合国贸易法委员会（UNCITRAL）第四工作组（电子商务）关于人工智能和自动化在订约中的应用等议题讨论，推动形成自动订约条文草案。2023年10月，在第三届"一带一路"国际合作高峰论坛期间，中国与30多个国家共同发布《数字经济和绿色发展国际经贸合作框架倡议》，主动提出数字绿色经贸合作"中国方案"。[2]

8.2.4 多国央行数字货币建设进入探索应用阶段

从世界范围来看，央行数字货币建设加快探索应用。央行数字货币在跨境支付、实时支付、离线支付、证券结算、点对点交易、可编程货币、中小企业贷款等场景中具有广泛应用前景。央行数字货币可推动金融普惠性，还

---

[1] "中国—东盟关于加强电子商务合作的倡议"，https://www.mfa.gov.cn/wjb_673085/zzjg_673183/yzs_673193/dqzz_673197/dnygjlm_673199/zywj_673211/202309/t20230906_11139355.shtml#:~:text=%E5%9F%BA%E4%BA%8E%E6%AD%A4%EF%BC%8C%E4%B8%AD%E5%9B%BD%E5%92%8C%E4%B8%9C,%E5%90%88%E4%BD%9C%E6%B3%A8%E5%85%A5%E6%96%B0%E5%8A%A8%E5%8A%9B%E3%80%82，访问时间：2024年7月11日。

[2] "《数字经济和绿色发展国际经贸合作框架倡议》在京发布"，http://www.mofcom.gov.cn/article/syxwfb/202310/20231003446762.shtml#:~:text=%E6%95%B0%E5%AD%97%E5%92%8C%E7%BB%BF%E8%89%B2%E5%9B%BD%E9%99%85%E7%BB%8F,%E5%90%88%E4%BD%9C%E7%AD%89%E4%B8%83%E4%B8%AA%E6%94%AF%E6%9F%B1%E3%80%82，访问时间：2024年7月11日。

有助于打击犯罪活动。国际清算银行（BIS）称，央行数字货币允许创建数字记录和痕迹，这更容易阻止洗钱和用于资助恐怖主义的资金流动，能帮助人们在紧急情况获得资金、降低交易成本，缩短交易时间。2024年5月，IMF在《跨境支付使用零售型中央银行数字货币：设计与政策考虑》（Cross-Border Payments with Retail Central Bank Digital Currencies: Design and Policy Considerations）的报告中指出早期进行跨境央行数字货币支付的重要性，并强调在信息共享、一致的信息标准和监管方式、通用的基础设施方面的国际合作，对于提升央行数字货币跨境流动互操作性非常重要。[1] 截至2024年5月，全球共计134个国家和经济货币联盟在探索央行数字货币。[2] 2024年6月，国际清算银行（香港）创新中心、泰国银行（泰国央行）、阿联酋中央银行、中国人民银行数字货币研究所和香港金融管理局联合建设的多边央行数字货币桥（mBridge，以下简称"货币桥"）项目宣布进入最小可行化产品（MVP）阶段。上述司法管辖区内的货币桥参与机构可结合实际按照相应程序有序开展真实交易。货币桥项目致力于打造以央行数字货币为核心的跨境支付解决方案，通过覆盖不同司法辖区和货币，探索分布式账本技术和央行数字货币在跨境支付中的应用，实现更快速、成本更低和更安全的跨境支付和结算。[3] 2023年8月，巴西中央银行对外公布了该国第一款数字货币的正式名称为"德雷克斯"（Drex），巴西的主流线上即时支付系统"皮克斯"（Pix）与这款数字货币关联。巴西央行预计该数字货币于2024年底正式对公众开放使用。[4]

当前，针对私人数字货币的国际监管措施不断出台，在加密资产涉税信息报告、反洗钱监管合作、阻断恐怖主义融资、防止银行系统动荡、提高支

---

[1] "Cross-Border Payments with Retail Central Bank Digital Currencies", https://www.imf.org/en/Publications/fintech-notes/Issues/2024/05/15/Cross-Border-Payments-with-Retail-Central-Bank-Digital-Currencies-547195，访问时间：2024年7月11日。

[2] "Central Bank Digital Currency Tracker", https://www.atlanticcouncil.org/cbdctracker/，访问时间：2024年7月11日。

[3] "多边央行数字货币桥项目进入最小可行化产品阶段", http://www.pbc.gov.cn/goutongjiaoliu/113456/113469/5370378/index.html，访问时间：2024年7月11日。

[4] "巴西预计2024年底对公众开放使用数字货币", https://content-static.cctvnews.cctv.com/snow-book/index.html?_swt_=1&item_id=8331745318976767818，访问时间：2024年7月11日。

付透明度等议题上的国际合作共识逐渐加深。2023年7月，OECD发布并积极推广《涉税信息自动交换国际标准：加密资产涉税信息报告框架》。2023年9月，G20领导人新德里峰会呼吁共同关注"加密资产生态系统"继续演化所面临的风险，并提出在成员国之间开展金融监管、反洗钱等跨国协作。同月，国际货币基金组织发布报告，呼吁控制私人数字货币使用，为防范相关风险研提建议。此外，金融行动特别工作组（FATF）通过多项举措推进各方在打击数字货币洗钱、资助恐怖主义犯罪方面的信息技术能力。欧盟、英国、韩国、巴西等针对规范数字货币市场和虚拟货币资产，推动制定强有力的监管框架。

8.2.5 智能鸿沟成为数字鸿沟的时代新特征

在全球范围内，人工智能迭代发展带来新的数字包容性问题。国际电信联盟《2023年事实与数据》（Measuring digital development: Facts and Figures 2023）年度报告指出，新技术的引入可能会带来新的鸿沟，如高收入国家89%的人口得到5G覆盖，而在低收入国家只有1%的人口得到覆盖。在低收入经济体，入门级移动宽带套餐的中位价格占平均收入的8.6%，比高收入国家（0.4%）高出22倍。全球81%的城市居民使用互联网，是农村地区互联网用户比例的1.6倍。[1] 世界银行集团发布《2023年数字进展和趋势报告》指出，尽管全球数字化进程在加速，但是数字鸿沟仍在继续扩大，并加剧了贫困和生产力鸿沟。[2] 2024年3月，联合国大会通过首个关于人工智能的全球决议，强调要加快弥合国家之间和国家内部的人工智能鸿沟和其他数字鸿沟，"促请会员国并邀请其他利益相关方采取行动，与发展中国家合作并向其提供援助，以实现包容和公平地获得数字化转型以及安全、可靠和值得信赖的人工智能系统所带来的惠益"[3]。中国发布的《全球人工智能治理倡议》呼吁增强发展中国家在人

---

[1] "新的全球连通性数据显示增长，但鸿沟依然存在"，https://www.itu.int/zh/mediacentre/Pages/PR-2023-11-27-facts-and-figures-measuring-digital-development.aspx，访问时间：2024年7月11日。

[2] "The World Bank Group: Digital Progress and Trends Report 2023"，https://openknowledge.worldbank.org/server/api/core/bitstreams/95fe55e9-f110-4ba8-933f-e65572e05395/content，访问时间：2024年7月11日。

[3] "联合国大会通过里程碑式决议，呼吁让人工智能给人类带来'惠益'"，https://news.un.org/zh/story/2024/03/1127556，访问时间：2024年7月11日。

工智能全球治理中的代表性和发言权，确保各国人工智能发展与治理的权利平等、机会平等、规则平等，开展面向发展中国家的国际合作与援助，不断弥合智能鸿沟和治理能力差距。

世界主要国家和地区为缩小数字鸿沟探索新的路径，推动企业数字化转型、加强数字人才培育、促进公民数字技能提升等成为重点方向。2023年9月，新加坡启动信息通信和人工智能人才培训，主要涵盖人工智能、软件工程和云计算等关键技术领域。10月，南非举行主题为"加强技能发展，支持创新和数字革命"的数字和未来技能全国会议（Digital and Future Skills National Conference），会议旨在解决技能发展的迫切需求，支持数字领域创新和数字化转型。[1] 12月，印尼工业部推出e-Smart IKM计划，通过搭建数字平台帮助中小型企业数字化转型，促进企业提高生产效率和产品竞争力。欧洲系统性推进数字社会建设的战略方案。2024年7月，欧盟委员会发布第二份《数字十年状况》报告，全面概述欧盟为实现2030年"数字十年"政策计划目标所取得的进展。该报告首次附上成员国提出的国家"数字十年"战略路线图的分析，详细介绍计划采取的国家措施、行动和资金，针对每个欧盟成员国提出具体建议，以解决在数字技能、高质量连通性、企业采用人工智能和数据分析、半导体生产和初创企业生态系统等领域的差距。

美国和中国在减少教育领域数字鸿沟方面做出各自实践。2024年1月，美国教育部发布了《2024年国家教育技术计划：缩小数字接入、设计和使用鸿沟的行动呼吁》。该计划面向美国的中小学生，旨在解决其在数字使用、数字设计、数字获取这三个主要方面的鸿沟。如在解决数字使用鸿沟部分，该计划指出：解决改善学生使用技术来提高学习效果的机会，包括动态应用技术来探索、创造和参与对学术内容和知识的批判性分析。[2] 中国积极参与教育领域缩小数字鸿沟的国际行动。2024年1月，2024世界数字教育大会在上海举办，中国推动发布成果性文件《数字教育合作上海倡议》，呼吁推进数字资

---

[1] "Minister Mondli Gungubele: Digital and Future Skills National Conference"，https://www.gov.za/news/speeches/minister-mondli-gungubele-digital-and-future-skills-national-conference-26-oct-2023，访问时间：2024年7月11日。

[2] "U.S. Department of Education Releases 2024 National Educational Technology Plan"，https://www.ed.gov/news/press-releases/us-department-education-releases-2024-national-educational-technology-plan，访问时间：2024年7月11日。

源共建共享、加强数字教育应用合作、强化数字教育集成创新、合作推动教师能力建设、协同推动数字教育研究，强调发挥世界数字教育大会、联盟机制和智慧教育公共服务平台作用，加强政策对话、案例交流、信息分享，深入开展南南、南北合作，重点关注非洲和小岛屿发展中国家，重点关注妇女、女童和处境不利人群，让数字教育公平惠及每个人，携手实现联合国2030年可持续发展目标。[1]

---

1 "2024世界数字教育大会发布数字教育合作上海倡议"，http://www.moe.gov.cn/jyb_xwfb/gzdt_gzdt/s5987/202401/t20240131_1113640.html，访问时间：2024年7月11日。

后 记

当前，世界之变、时代之变、历史之变正以前所未有的方式展开。世界百年未有之大变局加速演进，新一轮科技革命和产业变革深入发展，和平、发展、合作、共赢已是人心所向、大势所趋。互联网日益成为推动发展的新动能、维护安全的新疆域、文明互鉴的新平台，构建网络空间命运共同体既是回答时代课题的必然选择，也是国际社会的共同呼声。我们希望通过《世界互联网发展报告2024》（以下简称《报告》），全面展现过去一年来全球互联网发展现状，解读互联网发展的全球态势，推动各方携手构建网络空间命运共同体，更好地实现网络空间发展共同推进、安全共同维护、治理共同参与、成果共同分享。

对《报告》的编纂工作，中央网信办室务会高度重视，办领导给予有力指导，网信办各局各单位大力支持，有关部委以及各省（自治区、直辖市）网信办在相关数据和素材提供等方面给予了鼎力帮助。《报告》由中国网络空间研究院牵头编纂，参与人员主要包括王江、宣兴章、钱贤良、刘颖、白江、邹潇湘、李博文、程义峰、姜伟、张杨、叶蓓、廖瑾、尹鸿、吴晓璐、王猛、姜淑丽、徐艳飞、李晓娇、陈静、李玮、邓珏霜、李阳春、杨欣桐、贾朔维、田原、肖铮、林浩、李静、张婵、卢超男、林治平、张晓颖、袁新、刘超超、翟优、宋首友、杨旭、张晏宁、姜子文、王花蕾、王丽颖、徐晓瑜、田唯力、金钟、种丹丹、席子祺、夏宜君、李清敏、马续补、秦春秀、相雅凡、史安斌、杨晨晞、徐原、苏申、王同媛等。张力、王东滨、李广乾、张洪忠、王立梅、李文婷等专家学者在编写过程中提出了宝贵意见。

《报告》的顺利出版离不开社会各界的大力支持和帮助。鉴于编纂时间有限,《报告》难免存在不足之处。为此,我们希望国内外政府部门、国际组织、科研院所、互联网企业、社会团体等各界人士对《报告》提出宝贵的意见和建议,以便进一步提升编纂质量,为全球互联网发展治理贡献智慧和力量。

中国网络空间研究院

2024年9月